一行日记

［日］伊藤羊一 著

梁 夏 译

中国科学技术出版社
·北 京·

1 GYO KAKU DAKE NIKKI
YARUBEKIKOTO YARITAIKOTO GA MITSUKARU!
Copyright © YOICHI ITO
Original Japanese edition published in 2021 by SB Creative Corp.
Simplified Chinese translation rights arranged with SB Creative Corp.,
through Shanghai To-Asia Culture Communication Co., Ltd.
北京市版权局著作权合同登记　图字：01-2022-6352。

图书在版编目（CIP）数据

一行日记/（日）伊藤羊一著；梁夏译. —北京：中国科学技术出版社，2023.4
ISBN 978-7-5046-9920-6

Ⅰ.①一… Ⅱ.①伊… ②梁… Ⅲ.①成功心理—通俗读物 Ⅳ.① B848.4-49

中国国家版本馆 CIP 数据核字（2023）第 032330 号

策划编辑	王雪娇	责任编辑	杜凡如
封面设计	创研设	版式设计	蚂蚁设计
责任校对	吕传新	责任印制	李晓霖

出　版	中国科学技术出版社
发　行	中国科学技术出版社有限公司发行部
地　址	北京市海淀区中关村南大街 16 号
邮　编	100081
发行电话	010-62173865
传　真	010-62173081
网　址	http://www.cspbooks.com.cn

开　本	787mm×1092mm　1/32
字　数	69 千字
印　张	5.5
版　次	2023 年 4 月第 1 版
印　次	2023 年 4 月第 1 次印刷
印　刷	北京盛通印刷股份有限公司
书　号	ISBN 978-7-5046-9920-6/B·119
定　价	55.00 元

（凡购买本社图书，如有缺页、倒页、脱页者，本社发行部负责调换）

▶▶ ▶ **序**

　　相信很多人都曾有过这样的想法："想要改变现状""想要学会新的技能""想要提升自己"。大到人生轨迹、职业规划，小到减肥、运动、学习，人们在生活中有各种各样想达成的目标和想做的事。可能在出现具体的想法之前，人们还会思考自己究竟想要做什么。

　　可有时，我们即使想做出改变，也难以找到改变的契机。

　　因为足以改变人生的大事并不会随时发生。

　　你是不是经常会觉得每天过得匆匆忙忙，不知不觉间一年就这么过去了呢？不过没关系。我可以肯定，改变生活方式不需要发生什么戏剧性的大事，我们每天的日常生活中充满了各种各样有意义的事。有成长必须经历的事情，也有促使我们发现自己应该做的、想要做的事情的契机。

本书将会介绍我用来发现这些有意义的事情的方法——"一行日记"。方法很简单,就是每天写一行当天发生的事,仅此而已。

无论是写在纸上、手机应用程序上,还是写在日历上都可以。

可能有人会问"这样做真的有效果吗?"我可以向你保证,通过每天的回顾反思你会有以下变化:

- 能把工作做得更好。
- 更了解自己。
- 更有自信。
- 能够自我肯定。
- 知道自己前进的方向。

我也是开始每天进行回顾反思以后,才发现自己成长的速度有了明显的飞跃。因为养成了每天回顾反思的习惯,即使如今我已年过半百,也仍在飞快进步,

序

不断挑战新的目标。

接下来我将在本书中跟读者分享我的心得。

一行日记的整个流程

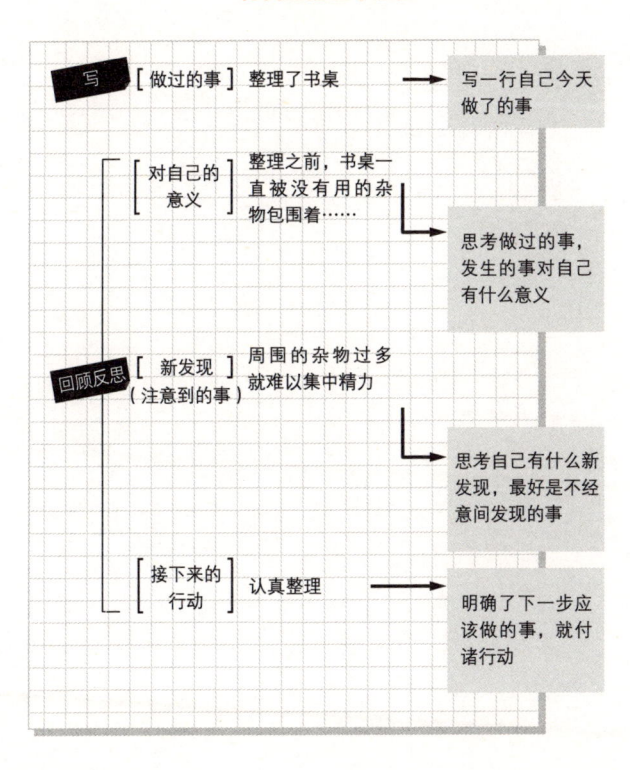

写	[做过的事]	整理了书桌	→ 写一行自己今天做了的事
回顾反思	[对自己的意义]	整理之前,书桌一直被没有用的杂物包围着……	→ 思考做过的事,发生的事对自己有什么意义
	[新发现(注意到的事)]	周围的杂物过多就难以集中精力	→ 思考自己有什么新发现,最好是不经意间发现的事
	[接下来的行动]	认真整理	→ 明确了下一步应该做的事,就付诸行动

▶▶ ▶ **前言**

致不想在懊悔中度过一生的你

前些日子，我回到了阔别已久的横滨，脑海中不禁回想起20多年前发生的事。那时，我在横滨站附近的一家银行工作了5年。记得当时，我每天都穿着西装走过这条路去上班。如今街边的店铺还是原来的模样，当回忆不断涌现，一种不可思议的感觉从心底泛起。明明这里的建筑物和港口的风景几乎一如从前，但我看到这些风景时的心境却发生了很大的变化。

从前的我，每天在公司上班，却不知道自己真正想做什么，只是一味地忙于工作，既不知道是否应该保持现状，也不清楚未来的目标是什么。就连记忆中的横滨都是灰暗的。

如今我已53岁，但映入眼帘的一切对我而言都充满了吸引力。我就像天线不断接收四处传来的信号一样，一会儿想着"这家店好有趣啊，进去看一看吧"，一会儿又感慨"原来现在流行这种东西啊"，在我眼里整个城市都鲜活起来了。

明明是走在同样的街道上，为什么我的心境会发生这么大的变化呢？

其中一个原因是自身状态的变化。我发现在工作不顺的时候，即使是街上的风景看起来也会和平时不一样。

还有另一个更重要的原因，就是自己开始变得充满求知欲，迫切地想要了解世界上的一切，想从各种事物上汲取经验。倒不如说正因如此，自己才能摆脱阴霾，工作也变得顺利了起来。

25年前的我只是一个生活的"旁观者"。在我看来，所谓工作，不过是乏善可陈的上行下效，看到电视里播放的悲惨新闻，虽会对当事人哀其不幸，却始终觉得事不关己。

如今我意识到,工作也好、规则也好,都是由自己来决定的,而不是让他人主导的。于是我找到了愿意为之倾尽一生的事业,每天都全身心地投入工作,将好奇心的天线伸向四面八方。

如果不能每天有所进步,那么活着也像死了一样

我不是那种能进步很快的人。或者说,我属于进步速度比较慢的那种人。入职银行工作以后,我一直苦于不知道如何提升业绩,有一段时间看着一起入职的同事的业绩不断上升,我甚至出现了心理失调的状况,每天早上去上班都觉得很痛苦。

那个时候我就在想,如果不能从每天的见闻中学到一些东西的话,那么自己"活着也像死了一样"。

我们每天的生活中都会有各种各样的见闻。与家

人交流、在上班途中看电车里的广告、与同事商谈、吃饭、阅览书籍和网页、看电视和视频等。

如果我们不留心观察，那么这些见闻就会在眼前一闪而过，然后消失在遗忘之海。所以当时我决心要从这些见闻中学习一些东西。

我心想，既然自己进步得比别人慢，那么就从同样24小时的见闻中尽可能多地学习，如果不改变自己，就永远无法通过工作为社会做出贡献。

于是，我开始写"一行日记"。

方法很简单，就是每天写一行日记，养成回顾反思的习惯，仅此而已。

通过写一行日记进行回顾反思，首先自己对待工作的态度就会发生变化。自己想做的事会更加明确，也能沿着自己真正认可、真正相信的道路前进。每天反复和自己对话，可以加深自我理解，养成这个习惯以后，便能够提高自我肯定感。

前言

学生时代的我曾玩过乐队,但几乎每次演出之后,我都会陷入自我厌恶之中。

无论演出的效果好不好,来看演出的朋友对我的评价高不高,我都会不断反省,"那个和弦没有弹好","这里应该这样弹的"……反省的过程中,自我厌恶的情绪就会盘旋在大脑之中。

工作之后也是如此,大多数情况下,每次采取行动之后,我就会陷入忧郁。可能是性格使然,我在工作中从来没有哪件事是没留下任何遗憾、痛痛快快地完成的。这是因为我的大脑中充斥着各种纷繁复杂的信息。

而写下一行日记来回顾反思,就能理顺纷乱的思绪,走出阴霾。那么时间久了,即使龟速前行,也能跬步千里。

如果你现在没有想做的事。

如果你觉得自己不该是现在这个样子。

如果你有一个很羡慕的人，想要变得和他一样。

那么机会来了。

不安于现状是回顾反思的最大动力。一天24小时，无论在家里还是在外面，成长的养料都随时随地散布在每个人周围。

令人在意的事、感到兴奋的事、让人憧憬的事……我们可以细心地拾起这一个个记忆的碎片，不放过任何回顾反思的机会，从中获得新的发现。

回顾反思的次数决定了一个人的成长。

这10年间，我不断摸索，终于总结出了对个人成长有很大帮助的"回顾反思的形式"。我40多岁时进入日本顾彼思（GLOBIS）商学院学习，如今在这里任教，同时我也是雅虎学堂的校长。我运用在顾彼思商学院学到的解决问题的方法，以及借鉴在雅虎学堂从事领导力开发工作时的经验，进一步优化了回顾反思的形式。

通过坚持践行这种形式,如今我年过半百,还在加速进步,不断向新的领域发起挑战。

相比 20 多岁的时候,我周围的环境并没有发生很大的变化。但我养成了回顾反思的习惯,从各种事物中汲取经验,所以我看待世界的方式变得和以前大不相同了。

每天写一行日记就能成为成长的动力源泉。让我们一起掌握并运用好这个工具,在成长的道路上迈出更大的一步吧。

伊藤羊一

可以写在手机、备忘录、笔记本或者日历上

▶ ▶ ▶ **目录**

第一章

回顾反思有助于我们明确自己应该做什么 / 001

为什么要每天都写日记进行回顾反思 / 003

人们如何才会发生改变 / 005

为什么记录很重要 / 008

记录并回顾反思 = 元认知 / 011

任何时候都能通过回顾反思改变自己 / 014

一行日记能提高自我肯定感 / 018

忙得疏于回顾反思,就会迷失自我、迷失当下 / 020

专栏　如何提高元认知能力 / 025

第二章

一行日记的写法和使用方法 / 027

坚持记录做了什么 / 029

这件事对自己来说有什么意义 / 033

一行日记的具体写法 / 038

重读日记以丰富内心的想法 / 044

用三种回顾反思丰富认识 / 046

通过"金字塔模型"整理思路 / 051

通过回顾反思"连点成线" / 056

电影和书籍也可以成为回顾反思的素材 / 058

第三章

一行日记改变生活 / 065

习惯能让你改变自己、做得更好 / 067

在行动中发现问题、解决问题 / 069

用一行日记改善工作、生活、兴趣 / 072

将回顾反思应用到日常生活中 / 077

写下真实的想法,思路会更清晰 / 081

确定回顾反思的主题 / 082

积累特定主题的回顾反思构建自己的理论 / 087

通过"框架化"加速成长 / 091

回顾反思的三个作用 / 095

第四章

在回顾反思中认识自己、塑造未来 / 101

为什么我能在 50 多岁的时候找到自己想做的事 / 103

找到自己的方向 / 106

通过一行日记了解自己的优势 / 109

怎样让理想照进现实 / 112

连接过去、现在和未来的"人生轨迹图" / 116

回顾反思与人生轨迹图 / 118

联系过去就能看到自己的内核 / 120

是否需要具体的中期目标 / 123

为什么了解自己很重要 / 126

第五章

用回顾反思促进成长 / 129

尝试经营社交平台 / 131

一对一谈话 / 134

一个人去"集训" / 136

坚持写日记的秘诀 / 139

终章

能塑造未来的正是"今天的自己" / 143

如何与社会共生——自我调整 / 145

领导自己 / 148

正视自己的情绪 / 150

结语 / 153

第一章

回顾反思有助于我们明确自己应该做什么

第一章
回顾反思有助于我们明确自己应该做什么

😊 为什么要每天都写日记进行回顾反思

我每天晚上雷打不动必做的三件事就是"写日记""散步"和"冥想"。

再忙也一定会做。

成长中最重要的就是回顾反思,甚至可以说不需要再做其他的,仅靠回顾反思我们就可以成长。

例如,在网球之类的体育项目中,有的运动员只在乎比赛结果的输赢,有的运动员则习惯回顾总结每场比赛,思考"为什么这次不太顺利,所以下次要那样做",发现问题并进行改善。那么哪一种类型的人进步得更快呢?必然是后者。通过回顾反思,注意到自己的问题并采取行动改进的人会成长得更快。

工作和学习也是如此。有意识地进行回顾反思,进而获得更多新的发现，并加以运用的人，会成长得更快。

日本雅虎学堂以及我任教的日本顾彼思商学院都鼓励大家多进行回顾反思。我认为在这些面向职场人士开设的学校里，对他们来说，真正重要的不是学习技能和技巧，而是养成"回顾反思的习惯"。但在他们近乎机械地反复回顾课程内容时，只有大约 10% 的人意识到为了将来的成长，这种回顾是必需的。这些人后来大多都取得了可喜的成果。

而一些没有养成"回顾反思的习惯"的人表示，尽管自己掌握了技能和技巧，却不知道该如何运用。

即使大家经历相同，通过回顾反思也能使每个人"学到的东西"和"得到的成长"产生很大的差距。

所以，决定我们成长的不是天资，而是我们通过每天发生的各种事情，获得了多少新的发现，以及我们能重复多少次这个过程。

第一章
回顾反思有助于我们明确自己应该做什么

😄 人们如何才会发生改变

我们先换个话题，我相信本书的读者都是想要改变自己的。

有时，人们发生改变往往是因为某个大事件。

回首我的人生，有几个重大事件成了我生命中的转折点。

其中一个事件是日本"3·11"地震，2011年3月11日14时46分，我正在位于东池袋的普乐士公司里办公。当时地面晃得很厉害，书架和盆栽都倒了，那一刻我以为整个大楼会倒塌，自己就要死了。

普乐士公司的主要业务是办公用品的供货，所以地震刚一停下来，我们就马上处理了当天不能发货的订单问题。然后我们成立了一个紧急支援小组，制订了向日本东北地区运送物资的方案。接下来的几天里我做了什么事，给谁发了邮件，做出了什么指示，发

一行日记

生的每一件事的每一个细节，直到现在我都可以清晰地回想起来。这个事件的冲击性太大，以至在我脑海中挥之不去。也正是由于这个契机，我意识到了对自己来说理想的领导者应该具备什么素质。

这种改变人生的冲击性事件可能会发生在任何人身上，但这不应该是成长的唯一契机。

诚然，这些大事件可以成为成长的催化剂，但我们活着不能只为寻求刺激。

那么我们应该怎么做呢？

一种方法是让自己身处不寻常的场景之中，比如去陌生的地方或挑战以前从未做过的工作。

还有一种方法也同样很重要，那就是回顾反思每天的日常生活。

整理当天发生的事，思考它们对自己有什么意义，获得新的发现，重复上述过程，然后将自己的发现运用到实际生活和工作中。若能持之以恒，那么久而久

第一章
回顾反思有助于我们明确自己应该做什么

之你就会明白,从日常事件中也可以学到许多东西。仅仅重复这个过程,就很有意义,甚至和那些足以改变人生的大事件有同样的效果。

比如参加线上会议时,改变房间的灯光会给对方留下不同的印象,这就是一种发现。我发现"日光灯和白炽灯的光线有一定的区别",于是决定"下次开会时试试开白炽灯",并付诸行动。

线上会议的一个小时,我们可以用来发呆,也可以稍微改变心态来获得很多新的发现。比如我们在线上开会时改变一下讲话的方式会更好,面部表情更丰富一些对方会更愿意发表意见——一两个发现可能不会带来显著的变化,但如果攒到一百个,会议效果就可能会产生巨大的飞跃,甚至会让人觉得,"线上会议的沟通效果完全不逊于面对面交谈"。

换句话说,成长较快的人,能从和别人相同的经历中获得更多的发现,对他们而言,相同时间内的他们学到的更多，更充实。

"发现"的差距就是"成长"的差距

😊 为什么记录很重要

让我意识到不仅是"回顾反思"很重要，"记录"也同样重要的是我在减肥时的经历。

没错，"一行日记"也有助于减肥。

2019年秋天，我花了3个月的时间尝试减肥。当时我坚持在一款健康养生应用程序上记录每天的饮食。

第一章
回顾反思有助于我们明确自己应该做什么

我只要在应用程序中记录下自己当天的体重和饮食,营养师就会根据每餐的情况写一些建议。坚持了3个月以后,我的体重和体型发生了明显的变化,生活习惯也和以前大不相同了。

我每天坚持记录的原因,一方面是为了得到营养师的意见,另一方面是想通过记录的方式逼自己直面现实。因为每天都要面对自己的体重,而且不知不觉间贪吃的零食,还有过量的正餐饮食,都会被清清楚楚地记录下来。

不可思议的是这样做以后,我就会自觉地注意不再暴饮暴食。控制饮食不需要什么雄心壮志,坚持记录和回顾反思就能逐渐减弱暴饮暴食的欲望。我发现,每天坚持记录这个习惯本身就让我感到很愉快,意识会自然而然地改变,自己也会逐渐接近理想的状态。记录就是一种积蓄,最终会成为自己的财富。

我还发现,"做记录"这个习惯有助于稳定情绪。虽然饭后打开应用程序进行记录只需要1分钟左右的时间,但每当这个时候,我都摒除了一切紧张情绪和杂念,仿佛回到了精神家园。

据说棒球运动员或足球运动员回到家乡比赛的时候情绪会更稳定,也就更容易取胜,所以我们在生活中,有意识地构建"精神家园"也很重要。

用心做好一件件小事,积累的过程中我们也能一点点建立自信。我还发现,每天坚持做一件事,在逐渐养成习惯以后,有助于提升自我肯定感。

最终,我花了3个月时间,成功减重10千克。不过比减肥成功更有意义的是,通过反复回顾反思,我认识到自己不管到了多少岁,都能凭自己的自觉控制饮食习惯和体型。

不管到了多少岁,自己的人生都能由自己掌握。

第一章
回顾反思有助于我们明确自己应该做什么

😊 记录并回顾反思 = 元认知

我减肥时,通过"记录",更客观地了解了自己,减肥也取得了成功。

实际上在这个过程中,"记录"发挥了很重要的作用。

根据多年的工作经验,我发现能在工作中取得成果的人,能顺利通过考试进入大学学习的人,在"拥有元认知的能力"这一点上是共通的。

"元认知"是一个心理学概念,指的是"对认知的认知",可以理解为"能够从旁观者的角度客观地认识自己"。

举例来说,你被别人的话激怒后反过来也对他恶语相向,如果这时你能客观地认识到"自己现在正在气头上""刚刚说的话有点过了",那就是因为你拥有元认知的能力。同理,对于自己手头正在进行的工作,

一行日记

我们能够反躬自问"是不是这样做更好""还有没有更合适的方法",也是因为元认知。

据我观察,几乎每个能够在工作中取得成就的人、进步速度很快的人都有很高的元认知能力。这是因为,一个人具备了能够客观审视自己、认识自己的认知,就能够发现自身做得好的地方和不足的地方,从而进行改进。

简单来说,元认知能力也可以理解为纵观全局的布局能力,也就是从旁观者的视角判断自己的工作情况,以及别人对自己言行的看法,客观地思考"现在是什么情况、接下来应该怎么做"的能力。

我很尊敬的一位学者田坂广志曾在他的著作《多重人格的天赋力量:你有多少人格,就有多少才能!》中提到,一流的领导者在工作中能够不断切换多种人格。经营共创基盘(IGPI)的首席执行官富山和彦也曾说过,作为领导者,处事应合情又合理。我认为这

第一章
回顾反思有助于我们明确自己应该做什么

两个观点在本质上是一样的。也就是说,在待人接物的过程中,既需要客观冷静地直视现实、精打细算,同时又需要体谅他人主观的心情。平衡好这两种看似矛盾的想法,掌握纵观全局的能力,是领导者不可或缺的特质。

我用自己的话来解读田坂和富山的观点,就是自己在拼命工作时,还需要存在另一个"进行元认知的自己"。

美国职业棒球大联盟运动员铃木一朗也说过,"自己一直在努力试着认清自己的身体是如何击球的,所以才有了现在的成绩"。取得傲人成绩的人都会不断地审视自己,进而做出改变。

让我们回到最初的话题,有一个方法可以让所有人都掌握"元认知"能力,那便是"记录"。通过记录的方式用文字表达出来,我们就可以客观地看待自己的行为。

在记录的时候要尽可能地再现当时的场景和气氛，这有助于我们客观地了解当时的情况，创造出和"元认知"相同的条件。

重复这个过程，就能逐渐养成客观认识自己的习惯。

😄 任何时候都能通过回顾反思改变自己

如果能够养成回顾反思的习惯，那么无论多少岁，我们都还能继续进步。

第一章

回顾反思有助于我们明确自己应该做什么

我在20多岁的时候，一直不知道如何才能把工作做好，只能在一旁看着一起入职的同事不断进步。在30多岁的时候我从当时供职的银行离职去了普乐士，又一直苦于不知道如何在没有经验的行业做出成绩。然后在40多岁时，我进入了日本顾彼思商学院学习。

如今我50多岁了，可以确定的是，我现在的进步速度，比以往任何一个时期都快出一大截。这听起来可能有点夸张，但我能感觉到自己这个月的进步速度比上个月快，这周的成长速度比上周快。这是因为回顾反思并获得新的发现的习惯已经成为我生活的一部分了。

其实我年轻的时候，经验尚浅，时常由于学的东西太少而感到焦虑。为了弥补这一点，我只能从点点滴滴的行动中发现意义，尽可能多地获得"发现"，使之成为我成长的养料。我现在仍在有意识地这样做，这也是促成我如今飞速成长的原因。

所以，站在同一起跑线上，即使起步比别人晚，只要每天回顾反思，获得新的发现，并不断重复这个过程，那么无论多少岁，都还能继续进步。

我现在在商学院担任讲师，我发现经过两三年的课程学习之后，有的人有了明显的变化，有的人却没什么变化。我认为产生差距的原因就在于他们是否真正养成了回顾反思的习惯，以及学习的时候是否会思考"对自己的意义"。

举一个企业财务课的例子。对于这个课程，有的人觉得"自己在公司负责业务方面的工作，即使学习了财务知识也不能马上应用到实践中。不过既然课程计划里有这门课，就先学一下吧"。还有的人认为"这种学习就相当于在工作中换位思考，有助于更好地理解其他同事和客户的立场，从明天开始要尝试把学的东西运用到工作中"。这两种人在经过一年到两年的学习后，会有天壤之别。

第一章
回顾反思有助于我们明确自己应该做什么

能够发现学习的意义,并提取出对自己有用的东西的人,会从各种经验中思考"自己学到的内容如何在将来发挥作用",并付诸行动,从而改变自己。几年以后,这些人有的自己创业,有的在工作岗位上取得了令人瞩目的成就,在人生的道路上勇往直前。

相反,有的人在商学院学习了很多理论框架和分析技能相关的知识,却没有很好地将它们运用到当下的工作中,这是因为学习和经验没有跟自身情况相结合。

当然,不仅是商学院的学习,我们的工作经验、

发现每天的经历对自己的意义!

读书或观影的体验，以及人生中所有的经历都是这样。

如果学习的时候能够习惯性地思考"对自己的意义"，那么无论多少岁，都能改变自己。

通过每天的回顾反思，相信每个人都能做到这一点。

😊 一行日记能提高自我肯定感

对于见过我严肃的一面的人来说，他们可能很难相信，我其实是个"玻璃心"的人，情绪很容易变得消沉。

一开始，养成回顾反思的习惯，就是为了让自己从消沉情绪中重整旗鼓。

大学时代我曾在一个业余乐队中担任主唱，但在每次演出之后，我都会陷入自我厌恶之中。

"那个地方我怎么唱成那样了啊！"

第一章

回顾反思有助于我们明确自己应该做什么

"那里为什么会失误啊？"

一不小心就被消极的想法占据了我的脑海。

每次演出结束，受自我厌恶的情绪影响，我从未有过"今天表现得太棒了！"的感受。

可是，来观看演出的观众却会跟我说："演出很精彩。"

一开始我以为"大家都意识到了我的失误，只是为了照顾我的心情，才这样说的"。因为我真的觉得自己"很失败"，情绪也很低落，所以自然只会这样想。

但有一天我突然意识到不是这样的。

来观看演出的观众有可能是真的觉得演出很精彩，才这样说的。

我意识到自己的想法、自己的感觉和别人的看法是不同的。

所以我应该做的不是每次都陷入自我厌恶中无法自拔，而是客观地进行回顾反思。回过头来再看，就能客观地看待自己的演出，既能找到可以改进的地方，又不会感到很失落。

本书也会介绍"失败后"回顾反思的方法，为了不让自己过于消沉，我们要把发生的事写下来，客观看待已经发生的事。

当我们把每天发生的事如实地写下来就会发现每天都会发生很多新鲜事，也会有很多新的发现，甚至多到超乎我们的想象，而这些发现也能帮助我们逐渐建立起自信。

😄 忙得疏于回顾反思，就会迷失自我、迷失当下

有的人说"自己每天忙于工作和家务，即使想回顾反思，也没有时间"。

但我认为，坚持记"一行日记"，每天给自己留出

第一章
回顾反思有助于我们明确自己应该做什么

回顾反思的时间，反而有助于我们管理自己的时间。

通过回顾过去，自然而然就能明确自己未来应该怎么做。未来在过去和现在的延长线上，所以回顾过去以后，自然能看到未来的前进方向。

在我年轻的时候，还没有养成回顾反思的习惯时，我完全不知道自己想做什么，行动的理由大多是"别人是这么说的""大家都觉得这样做最好"。长此以往，自己的想法、自己想做的事、令自己兴奋的事都会渐渐变得模糊。

于是我接受了不喜欢的工作，重复着相同的失败。我一心想着"我要进步"，想要买很多书进行学习，却不知道应该优先学习什么，最后也没能实际掌握什么本领。我看似做了很多努力，但这些时间都没有用在自己的成长上。

但是，通过回顾反思，我们就能看见连接过去和现在的线，自然也就能看到延长线上未来的方向。

这样一来，很多事都变得简单了。

明确了自己的目标和方向之后，我们就不必再做无用的努力。并且这个目标不是别人给的，而是自己从每天的经历中发现的、仅属于自己的目标。

养成回顾反思的习惯，让我们可以把过去的经验当作成长的"养料"，进而让自己蜕变。前几天我在回顾反思时，突然想起在大学时期我曾经做过两个月兼职。我意识到当时觉得没做好的事、感到难过的事，在经过了30年的积累和沉淀后都已经解决了，于是我再次深深感受到经验的重要性。像这样，回顾反思带来的不仅是每天从新鲜事中获得的发现，还有经过了漫长的时间后，重新从往事中获得的收获。

这样一想，所谓人生，不过就是我们经历一些特别的事，然后从这些事中得到一点收获。只要保持从所有的经历中学习的意愿和态度，哪怕是几十年前的记忆，我们也能通过反复回味，从中获得新的发现，

第一章
回顾反思有助于我们明确自己应该做什么

实现自己的蜕变。

有句话叫作"未来可以决定过去的意义"。当然，过去的事实无法改变，但我们亲手开拓的未来，却能为过去发生的事赋予不同的意义。

我在不断回顾反思中发现，对于儿时发生的事，长大后的感受和理解与儿时完全不同。对比现在的人生，也会对这些事有新的认知。所以除了当下的经历外，回顾过去的经历，我们也能获得很多新的发现。

接下来要介绍"一行日记"这种记录和回顾反思的方法。我通过多年的实践，在日本雅虎学堂和顾彼思商学院向学员教授回顾反思的方法，也曾向很多商务人士和学者请教与"回顾反思"相关的问题，最终总结出了这种形式。我虽然向来不怎么自信，但对于这个回顾反思的方法，我还是很有信心的。除方法外，我还会在书中介绍回顾反思的窍门，希望大家能看到最后。

一行日记

我的一行日记(部分)

2日也是正常上班
努力工作。加油。

因为武藏野大学的准备工作开始焦虑
加油。

卡洛斯戈恩逃跑事件
这也太过分了。
要不把这个当作学术话题在课堂上讨论吧。

去东大领毕业证
好久没回学校了,大学真好啊。
燃起来了。

在大森的办公室
稀松平常的工作日。
感觉不断学习很重要。

网上出了这样的一篇报道
有点不好意思。
https://toyokeizai.net/articles/-/320428

好久没去公司了,明天去露个脸。
一直在大森办公室埋头工作,很长时间没去纪
尾井町了。

第一章
回顾反思有助于我们明确自己应该做什么

专栏
如何提高元认知能力

还有一个能有效提高元认知能力的方法,就是把自己放进故事里,进行想象。

我经常想象自己正在写《日本经济新闻》的特辑"我的履历书",或者幻想自己成了《X计划》(2000—2005年NHK播出的商业纪录片)中的主人公。这样一来,每当自己想偷懒,觉得稍微放松一下也没人会注意到的时候,脑海中就会有一个声音阻止我:"不行,如果偷懒的话,这段经历就没法写进'我的履历书'里了。"有另一个自己在更冷静的视角下看着故事中的自己,这就达到了元认知的效果。我的很多朋友表示,他们也是这样做的。

曾经有一段时间,我一直把自己想象成商学院教材案例中的主人公。而多年以后,这个想象竟然变成了现实。所以我认为，把自己想象成故事里的主人公，这样可以一点一点接近理想的自己。

你可以把自己设定为喜欢的节目或漫画中的主角，也可以在脑海中为自己撰写自传，歌颂自己的丰功伟业。

如果能在"俯瞰故事里的自己"和"聚焦眼前的事物"这两种视角之间自由切换，那就太棒了。

出现在脑海中的仅仅只是想象，所以我们还要结合实际行动，并进行回顾反思。畅想未来、回顾过去、付诸行动，然后获得有助于下一步行动的发现——我们要做的就是重复这个循环。

第二章

一行日记的写法和使用方法

第二章

一行日记的写法和 使用方法

😊 坚持记录做了什么

那么让我来具体说明一下如何记录"一行日记"。

方法很简单。就是每天记录当天发生的事,然后对记录的内容进行回顾反思。仅此而已。

"一行日记"的写法

● 只写一行就行

只写一行的话,我们无论多忙,都能每天坚持记录(具体方法会在后文中介绍)。

当然,如果我们想要多写一点的时候,也可以不只写一行。但是,如果一开始就长篇大论地写,往往很难坚持下去。所以到自己觉得"是不是写得有点少?"的程度就刚刚好。

一行日记

● 写在哪都行

我们可以写在日记本或笔记本里,也可以输入到手机应用程序或日历里。我以前有一段时间用过便携式的5年期的日记本,现在用的是"Day One"这个应

使用"Day One"记录的页面

第二章
一行日记的写法和 使用方法

用程序。因为数据会储存到云端，所以我一般都是在路上或者会议商谈的间隙，用手机拍照上传代替记录，晚上回家再用电脑写下当天的回顾反思。

● 形成文字

无论是手写还是输入手机应用程序里，重要的是，我们要将发生的事转化为文字。通过用文字表达出来的过程，可以帮助我们有选择地取舍对自己来说必要的体验，实现抽象化。

之前，在我任教的商学院中，有的学员会把3个小时的课堂内容详细地记录、总结下来发给我。不过不是以全文的录音转写的形式，而是在总结的时候，把自己感兴趣的、印象深刻的部分摘取并记录下来。这也是对获得的信息进行整理的过程。

但是，像起床、刷牙、吃早饭这类活动，就没有必要事无巨细地记录了。这种马上就会忘到脑后的事，本来也不是什么重要的事。我们要记录的是在繁忙的

一行日记

日常生活中，引起我们注意的事、新学到的东西、失败的经历，以及想要做出改变的想法等。写"一行日记"是回顾反思的第一步（例2-1）。

例2-1　写一行日记

> 星期一　无意间在电视上看到的动物纪录片很有趣。
>
> 星期二　朋友B启动了一项与环保相关的项目，业界的报刊上登载了对他的采访。
>
> 星期三　参加研讨会、和S公司的F商谈、Z到访。
>
> 星期四　和N商谈，这件事越想越觉得有必要。

● 不要制定很多规则

开始写一行日记的时候，最好不要制定很多规则。如果没有严格的格式要求，即使有一两天忘了写，之后也能一起补上。重要的是坚持，所以要找到对自己来说最容易坚持下去的方式。

第二章
一行日记的写法和使用方法

😊 这件事对自己来说有什么意义

接下来，我们要做的就是"回顾反思"了。

用一行日记的方式记录下"做过的事"以后，再读一遍日记。

"回顾反思"中重要的是，思考"这件事对自己来说有什么意义？"

比如例2-2，如果自己觉得以前从没看过的动物纪录片很有趣，就想一想"为什么自己会觉得这很有趣？"如果自己听说了朋友的经历觉得很羡慕，就想一想"为什么自己会觉得羡慕？朋友的经历对自己有什么意义？"

"对自己有什么意义？"是一个很重要的问题。

把眼前发生的各种事件，全部都当作和自己有关的事来思考，我们就能学到很多新东西。

就算只是听别人谈起某件事，脑海中也会浮现出

一行日记

例 2-2　回顾"做过的事"

星期一

[做过的事] 无意间在电视上看到的动物纪录片很有趣。

[对自己的意义]（这件事对自己来说有什么意义？为什么会觉得这很有趣？）
为了在生存环境严峻的海底生活，海洋生物实现了进化，看到这些生物，让人感觉到生命有无限可能性。

[新发现] 自己对生物的进化感兴趣。

[接下来的行动] 读相关书籍来拓宽知识面。

星期二

[做过的事] 朋友 B 启动了一项与环保相关的项目，业界的报刊上登载了对他的采访。

[对自己的意义]（这件事对自己来说有什么意义？）
自己也想像他一样做出一些成绩。

[新发现] 自己想要像 B 一样，给社会带来影响！

[接下来的行动] 约 B 出来聊一聊！

※[对自己的意义]以下的内容，可以在大脑里思考，也可以写下来。

这些想法：

"原来我对 ×× 领域很感兴趣。"

第二章
一行日记的写法和 使用方法

"我很羡慕××,我也想像他一样,给社会带来影响。"

这些就是新的"发现"。

能做到这一步就很不错了。

"既然觉得有趣,那就找几本这个领域的书来读吧。"

"羡慕××的话,就找个时间约他出来好好聊一聊吧。"

明确了自己想做的事、应该做的事,下一步我们就可以考虑应该采取的行动了。

整个过程如图 2-1 所示。

把当天发生的事、自己的感受记录下来,回看并思考这件事"对自己的意义",然后获得"新发现"。这一过程就是我回顾反思的方法。

本书为了让读者更容易理解,把"对自己的意义"和后面两项也列了出来,但实际在写日记的时候,我

```
写下"做过的事"
        ↓
思考这些事对自己有什么意义
        ↓
获得新发现
```

图2-1 "一行日记"的流程

习惯只写"做过的事"这一部分。看着自己写的日记，思考这些事"对自己的意义"、获得"新发现"、考虑"接下来的行动"，这些步骤都只是在大脑中想。

因为思想一旦形成文字，思维就会固化。过一段时间重新进行回顾反思的时候，我们对于同一件事，也可能会有不同的理解。所以我只把"做过的事"，也

第二章

一行日记的写法和 使用方法

就是客观事实用文字记录下来，以便以后回忆起来，尽量使我们思考其他几项时保持自由的状态。

不过开始时最好还是简单地把这四项都写一下，逐渐养成习惯以后，便可以不写后面几项，只在脑子里思考。如果记录不会对自己造成负担，也可以每天都把这几项写下来。适合自己的方法就是最好的方法。

通过这种记录，我们可以客观地评价自己周围发生的事。然后通过思考这些事对自己的意义，我们就能站在自己的角度解读这些事。

这里我还是要反复提醒大家，重要的是"立足于自己的情况去思考"。"这件事对自己来说是这样的"——像这样能用自己的话来解读发生的事，得到的见解也能让自己心悦诚服，因为这不是人云亦云，而是自己独有的发现。这一系列的回顾反思，都是对自己的经验教训的总结。

😀 一行日记的具体写法

接下来我要讲解的是"一行日记"的具体写法和回顾反思的方法。

下面的例子是尝试写一行日记的 A 参加公司的学习会时写的日记。本来 A 对学习会没什么兴趣,但学习会结束后,A 却有了意外的收获,觉得没白来一趟。

例 2-3 就是 A 当天晚上写的"一行日记",加上

例 2-3　A 的一行日记

(1月)	[做过的事]	不情不愿地去参加学习会,却有了意外的收获。
	[对自己的意义]	(为什么自己觉得参加这次学习会的效果很好? 为什么自己以前没有这么积极的态度? 对自己来说有什么意义?) 在场的人各抒己见,他们的发言让自己受益匪浅。
	[新发现]	对自己来说,倾听别人的意见很重要。
	[接下来的行动]	今后想围绕自己和大家都感兴趣的话题主办一场学习会。

第二章
一行日记的写法和 使用方法

"回顾反思"的部分,写成了一篇小文章。

我们一条一条地来看一下吧。

● 做过的事

"做过的事"这部分就是简单地记录发生的事,以及自己的感受。

具体写哪些内容并没有限制。可以写做了哪些工作、和谁见面了,也可以写上班途中看到的地铁或公交里的广告、吃早餐时和家人的闲谈、看的书籍和漫画、别人在社交平台上发布的内容。"新发现"可能来自生活中的每件小事。

重要的是加入关键词,让自己看到关键词就能回忆起当时的情景和感受。

"做过的事"其实就是在回顾反思中获得新发现的"素材"。

所以,记录的内容要便于回忆,即使一周以后、一个月以后再回看时,也能让我们的记忆苏醒,清晰地回忆起当时的情景。

除此之外,尽量用积极的词汇来记录也很重要。如果用带有攻击性的词汇来记录的话,那么过后再读的时候就会陷入消极的情绪中。诚然我们每天的工作和生活中确实有很多令人生气的事,但也要尽可能地用积极的表达方式去描述,比如"要努力避免再次出现这种情况""想要做出改变"等。

如果是通过手机的应用程序记录,那么我们还可以附上相关的照片。拍一拍公司学习会的会场和周围的景象,把与会人员名单、教材等附在日记上,之后查阅的时候就会更容易地回想起当时在会上自己的一些思考了。

● 对自己的意义是什么

再来看一看对自己的意义这部分。如果你觉得"自己的感受比想象得要好",那么就要立足于实际情况,问一问自己"对哪一方面感觉很好",然后就能意识到"对自己来说,倾听别人的意见很重要",从而获

第二章
一行日记的写法和 使用方法

附上照片更容易唤醒记忆

> 2020 年 11 月 24 日 星期二
>
> 基于对上次会议的反思我重新写了材料，并在今天的会议上发言了。

得新发现。

各种经历是否能成为促进我们成长的养料，取决于我们是否能根据自身情况，从经历的事情中有所收获。这也是回顾反思的重要一环。

在例 2-3 中，原本只是"不情不愿地去参加学习会",为什么会有意外的收获呢?通过回顾反思,深入挖掘自己情绪的细微变化,并以此为线索,就能发现自己真正的期望以及自己面临的问题。

我对一个项目进行回顾反思时,经常会用到KPT模型。KPT取自Keep(保持)、Problem(问题)、Try(尝试)的首字母。

雅虎学堂也会把KPT模型用于回顾反思。一行日记中的"做过的事"和"接下来的行动"就和KPT模型类似,但不同的是一行日记中还有"对自己的意义"这一项。也就是不仅仅是简单地对发生的事情进行取舍,更重要的是将这些事的意义抽象化,思考"对自己来说意味着什么"。

在回顾反思在工作中参与的项目的时候,KPT模型很实用。但若是想要明确自己的经历对自己的人生有什么影响,就需要思考这些经历"对自己的意义",来获得"新发现"。

第二章
一行日记的写法和 使用方法

预防医学学者石川善树曾说过,不断对事物的本质进行提问很重要。同样,不被常识和先例所束缚,立足于每件事对自己的意义,再通过俯瞰全局进行回顾反思也很重要。

● 新发现

这部分内容要写的是思考"对自己的意义"之后获得的新发现。

只要将自己置于情景中反躬自问,就能得出答案。

有时,我们可能不能马上得出答案,可过一段时间重新再回顾,答案就呼之欲出了,"原来那个时候发生的事,对自己来说有这样的意义"。

其实我也经常经历这种回过头来思考才恍然大悟的过程。

比如,做演讲的时候经常有听众夸我的讲解简单易懂。

于是我就思考,为什么自己的讲解对别人来说是简单易懂的呢？然后最近我突然意识到，因为自己的理解能力并不高，所以为了弄清一个事物，自己会反复思考，当自己可以透彻理解的时候，讲解也自然变得简单易懂了。这就是我不断反躬自问才获得的发现。

● 接下来的行动

这部分内容要写的是基于新的认识、新的发现所想到的接下来应该做的事，但这一部分不是必须要写的。

重读日记以丰富内心的想法

"新发现"和"接下来的行动"这两部分内容不一定要在当天就写。

有时我们能在当天就想到接下来应该采取的行动，可有时会过了几周甚至几个月我们才意识到接下来应该做的事。通过将某一天的经历和其他日子的经历联

第二章
一行日记的写法和 使用方法

系起来进行思考，进而获得"微小发现"的不断累积，这样我们日后回顾的时候就会变成"一般性发现"。

如果能从"今天思考的事""这时的想法""那天的感受"这些微小的发现中，找到相通的部分，自然就能明白"什么是对自己来说重要的事"以及"自己的价值观是什么"。

因此，通过重读日记，能让自己面临的问题与挑战，以及内心的想法更丰富具体。

一行日记并不是写完就到此为止了。我只要有时间，就一定会翻出自己的一行日记反复阅读。不只是前一天的日记，一周前、一个月前，甚至三个月前的日记我都会不时地重读一遍，思索当时的经历对自己来说意味着什么。

事后重读的时候也可以补充日记。回想当天发生的事，如果自己有了新的发现就补充进去，不断重读，不断补充（例2-4）。

例 2-4　补充新的发现

[做过的事]　不情不愿地去参加公司举办的学习会,却有了意外的收获。

[对自己的意义]　(为什么自己觉得这次学习会的效果很好?
为什么自己以前没有这么积极的态度?
对自己来说有什么意义?)
在场的人各抒己见,他们的发言让自己受益匪浅。

[事后的新发现]　好像也有人没怎么发言。
要怎样做才能帮到他们呢?

😊 用三种回顾反思丰富认识

坚持记录"一行日记",能将每天的见闻用文字表

第二章
一行日记的写法和 使用方法

达出来并逐渐积累。

某一天的日记上可能写着"公司的庆功宴上同事笑得很开心",而另一天的日记上可能又写道"同事看起来很消沉,感觉没什么干劲"。

在这些琐碎的小事中,我们可能萌生出或令人喜悦或令人困惑的新发现。

我们可以不断积累各种零散的小事,把它们联系在一起进行回顾反思。比如"庆功宴上笑得很开心的同事,在另一天却看起来很消沉,这背后有什么原因呢?"

为了获得更深入的发现,我设计了三种回顾方式(如图 2-2 所示)。

● 简单的回顾反思:对当天的经历进行回顾反思。每天都进行。

● 一般的回顾反思:将很多个简单的回顾反思联系起来,找到相通的部分,获得更加抽象的、可以应用于很多场景的一般性发现。大约一周进行一次。

● 重要的回顾反思：不断积累一般的回顾反思，审视自己是否在朝着目标方向发展。大约半年到一年进行一次。

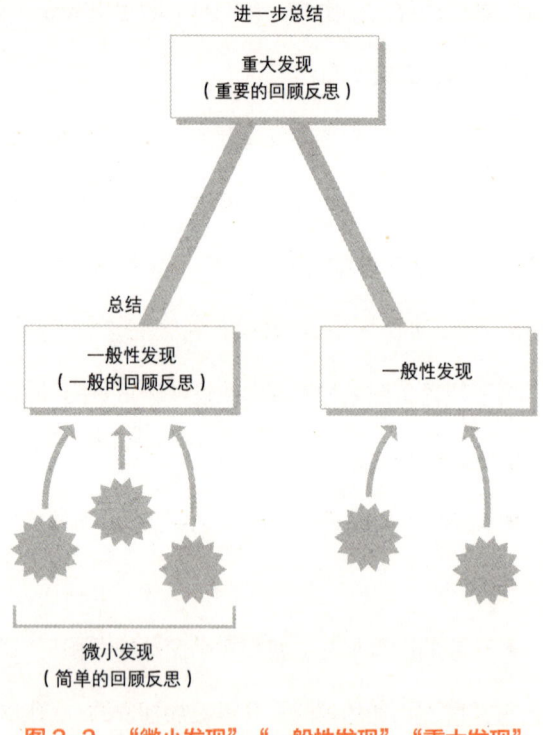

图 2-2 "微小发现""一般性发现""重大发现"

第二章
一行日记的写法和 使用方法

其中，目前为止介绍的每天的回顾反思属于"简单的回顾反思"，这就像是给每天发生的事贴上标签。这个过程中获得的新发现叫作"微小发现"。

然后是"一般的回顾反思"，大约一周进行一次。通过对每天的一行日记进行回顾反思，针对每一个事件进行学习和反省，在此基础上进一步获得更多方面的发现，这个过程就是一般的回顾反思。而重要的回顾反思是为了确认自己有没有偏离正轨，也就是有没有朝着既定的目标前进。

更具体地说，每天记录"做过的事""新发现""接下来的行动"，一周之后，再来回顾这一周的一行日记，就能发现一些平日不曾察觉的事，比如"B的意见和自己一开始想的好像不太一样，他其实是这个意思""和平时不怎么打交道的人或者有不同意见的人交流，往往会产生有趣的想法"等。

重新审视每天的微小发现，就能从中总结出

"和各种各样的人交流是很重要的"这一一般性发现（例2-5）。

例2-5 从"微小发现"到"一般性发现"

10月		
15日	[做过的事]	公司举办了一个学习会，主题是"思考自己能为公司做什么贡献"。这个主题让人一点都提不起兴趣，我不情不愿地去参加了，结果却有了意外的收获。
	[微小发现]	听别人的发言让自己受益匪浅。
16日	[做过的事]	加完班和别的部门的同事A一起回家，路上聊了很多关于过多的工作量的事。
	[微小发现]	原来不只是自己，大家都很辛苦。
17日	[做过的事]	会议上，对平时和自己合不来的同事B的意见表示赞同。
	[微小发现]	自己和同事B一样，都会重视团队里每一个成员的意见。
	[一般性发现]	和别人交流很重要。
	[接下来的行动]	积极地与他人交流。

这个过程简单来说就是"分组"。做法便是我们将每一个微小的发现分组，总结成一般性的发现。

这样做是因为只从一个现象中产生的发现过于单薄，每天的发现仅是"个例"，可能只是偶然现象，但我们如果能从多个类似的事件中提炼出相同的"发现"，那么这个发现就可以说是具有普遍性的。

分组总结出的新发现就像一个"包裹"，里面囊括了很多个发现。

当然，也不是所有微小的发现都需要演变成重大发现。不过，坚持记录一行日记，积累微小的发现的同时，产生的一般性发现和重大发现也自然会增多。可谓是一举两得了。

😄 通过"金字塔模型"整理思路

不能很好地总结一般性发现的读者，可以试一试用"金字塔模型"来整理思路，我在《一分钟说话》这本书中也介绍过这种方法。我们可以尝试运用这种思维框架从"做过的事"中引出"新发现"。

在《一分钟说话》中，金字塔模型被用于整理和传达给听者的信息，而当我们和自己进行深入对话时，也能用到这种思维框架。就像从事实证据中推导出结论一样，我们也可以运用这种方法从每天的见闻中引出新发现。

金字塔模型是在逻辑思考过程中将事物表象结构化的一种方法，这也就相当于"一行日记"中最基础的部分，即通过对一行日记进行回顾反思，产生微小的发现。

我自己在回顾反思时，脑海里也并不会一直想着如图2-3所示的金字塔模型。我只是打开手机的应用程序，一直盯着一行日记发呆。我认为比起"思考"，更重要的是"感受"。在反复回看的过程中，会有过了一段时间后才发现的"新发现",也会有最初的认识发生了改变的情况,这些都属于新的发现。

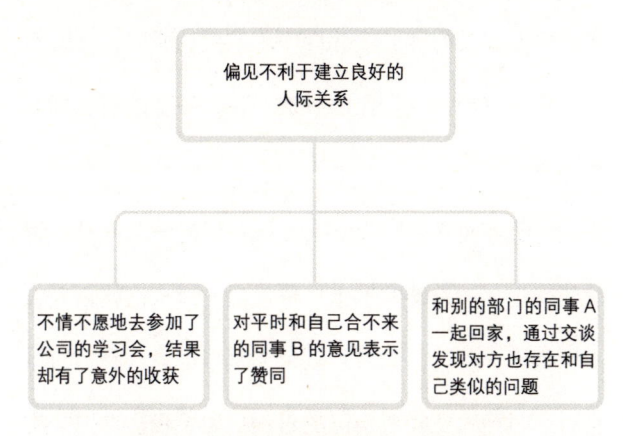

```
          ┌─────────────────┐
          │ 偏见不利于建立良好的 │
          │    人际关系       │
          └─────────────────┘
                  │
      ┌───────────┼───────────┐
      │           │           │
┌──────────┐ ┌──────────┐ ┌──────────────┐
│不情不愿地去参加了│ │对平时和自己合不来│ │和别的部门的同事A│
│公司的学习会,结果│ │的同事B的意见表示│ │一起回家,通过交谈│
│却有了意外的收获 │ │了赞同      │ │发现对方也存在和自│
│          │ │          │ │己类似的问题   │
└──────────┘ └──────────┘ └──────────────┘
```

图 2-3　用金字塔模型思考一般性发现

发现会随着时间的推移发生改变,这种感觉就像葡萄酒的熟成。仅靠"微小的发现"就决定下一步的行动有点草率。我认为,在经过了一段时间的沉淀之后得到的"一般性发现"和"重大发现"才更加重要。

同样,最初的认识有时也会随着时间的推移而发生改变。比如,人们对于新型冠状病毒肺炎疫情的看法会随着事态的发展变化和自身的经历发生改变，认识也会和最初有所不同。再如，人们对一个人的印象也会随着自己的状态变化而发生改变。所以，认识不是一成不变的，我们要理解这一点，并直面自己真实的心声。

对于需要多久回看一次一行日记这一点并没有明确的规定，如果硬要加上一项规定，那么这就会变成一种负担。不过，如果可以每天坚持记录，我们自然会时不时地想要回看自己的日记。如果我们在记录的时候注意多用积极的表达方式，那么回看时，心情也会更加明朗。

坚持记录一行日记，能让我们学会肯定自己，仅仅是反复回顾自己为什么会采取这样的行动、自己有什么感受，就能形成良性循环。

我每晚都会先记录一行日记，然后再散步、洗澡、冥想、睡觉。

第二章

一行日记的写法和 使用方法

在一天结束之际,这样做可以帮助我们很好地调整自己的身心状态。首先记录一行日记,将自己真实的感受用文字表达出来,因为这需要在大脑还在高速运转的时候进行;然后再去散步,将脑海中一整天构筑起的思维框架打散;之后去洗个澡,让身体放松;最后,通过冥想放空自己,把一整天输入的语言、逻辑从大脑中删除,调整身体,然后入睡。整个过程就是对自己全身心的休整,这和运动员花时间调整身体状态是一个道理。

每天重复这种回顾反思,就能将曾经被自己忽视的经历化作促进自己成长的养料,这样做还能明确对自己来说什么是最重要的。在不断地回顾反思中,我们还有可能突然意识到自己的价值观原来是这样的。

把构成自己人生的宝贵经验用文字表达、记录下来,反躬自问自己究竟想要什么样的人生,对每一个人都有重要意义。

😊 通过回顾反思"连点成线"

正如前文所说,每天的记录不过是一些细小、琐碎的行为和经历。

但重复进行这个把经历用文字表达出来并付诸行动的过程,可以使那些看似微不足道的经历也成为促进我们成长的养料。稀松平常的生活碎片也能化作对自己有意义的宝贵经历。如图2-4。

史蒂夫·乔布斯在一次著名的演讲中提到了"连点成线"的观点。从大学退学的乔布斯,在偶然的机会下学习了书法课程,多年后,这看似无用的经历却在他为苹果电脑设计字体时派上了用场。当我们将一点一滴的经验积累起来,它们终会连成一条线。

而重读一行日记,就是为了"连点成线"。

第二章
一行日记的写法和 使用方法

相比于先确立一个很大的目标再一点一点去努力，倒不如多多关注日常生活中的各种细微的发现。不是从结果倒推所需要的点，而是汇集起很多个点，自然而然地形成一个目标。

每个个体都是由每天的经历，也就是每一个点积累

【每天的回顾反思】　　　　【长期的回顾反思】

朋友被登上报刊了！　　　　领导不理解自己的想法

▼ 新发现　　　　　　　　　▼ 新发现

自己也想被社会认可　　　　那时候我是这样表达的！

通过这两种发现更快地成为"理想中的自己"

图 2-4　"每天的回顾反思"和"长期的回顾反思"

并塑造起来的。甚至可以说，如果一个人体验了和史蒂夫·乔布斯同样的经历，获得了同样的发现，并采取了同样的行动，那么这个人就能成为史蒂夫·乔布斯。

虽然这么说并不现实，但尽可能有效地利用自己周围无数的点，将它们化作成长的养料，这一点人人都能做到。

所以，记日记的时候要注意，最好能让自己在回看时回忆起当时的感受和行为，这样，这些经历就会成为人生中重要的"点"。

😊 电影和书籍也可以成为回顾反思的素材

通过回顾反思可以将周围的各种事物转化为促进我们成长的养料。

比如，我把最近看的电影和书籍也记在了日记里（例2-6）。

第二章
一行日记的写法和 使用方法

首先，我举一个通过看电影回顾反思的例子。前几天，我看了《为什么你没法当总理大臣》这部描写

例 2-6 关于电影《为什么你没法当总理大臣》的日记

星期一
- [做过的事] 看了描写日本众议院议员小川淳也的纪录片《为什么你没法当总理大臣》。
- [对自己的意义]（这件事对自己来说有什么意义？）主人公是一位胸怀大志的领导者，但由于他性格过于认真，经常被捉弄。那么如果自己作为领导者应该怎么做呢？
- [新发现] 营造轻松愉悦的氛围很重要。
- [接下来的行动] 下次试着用生动活泼的语气来演讲。

星期二
- [做过的事] 用生动活泼的语气演讲，现场气氛很活跃。
- [对自己的意义]（这件事对自己来说有什么意义？）自己想要尝试能吸引听众的演讲方式。
- [新发现] 营造轻松愉悦的氛围很重要。
- [接下来的行动] 继续发挥营造轻松愉悦的氛围的作用。

日本众议院议员小川淳也的纪录片。我认为这是一部意味深长的电影,当我们看完电影后,如果觉得它不仅仅是很有趣,还能在一行日记中回顾反思电影中的内容,那么我们学到的东西就会加倍。

电影中的小川淳也是一个认真、充满热情、胸怀大志的政治家,但由于性格过于认真,他在党派内部经常被捉弄,在政界也不受重视,没有什么存在感。

我由他的经历联想到自身,意识到作为领导者当然必须要有远大的抱负,但这还不够。

我发现营造轻松愉悦的氛围也很重要,于是在第二天的企业研讨会上,我试着用生动活泼的语气来演讲,结果现场气氛很活跃。通过实践,我更深刻地认识到"即使传达的信息内容相同,但用生动活泼的语气来讲述,听者会更容易接受"。

我虽然没有见过小川淳也,但通过看电影并进行回顾，联系自身实际情况，思考对自己的意义，也能从他身上学到一些东西。

如果能够时刻保持思考，那么毫无疑问我们成长的速度会加快。

再举一个通过读书进行回顾反思的例子。

不管是读经济类的书籍，还是读漫画书，我都会时常关注书中的内容对自己有什么意义。

以前读书时，我总是渴望从中汲取知识，一边读一边把自己觉得重要的内容用线画下来，但却没有反思这些内容对自己的意义，那么即使读了书，也无法真正掌握相关知识。

最近我读了《愿景：孙正义一生的精进哲学》（井上笃夫著），这本书介绍了企业家孙正义的发展轨迹。我在阅读时不只是把孙正义的工作方法仅仅当成知识来学习，还会联系自身思考"为什么他会做出这种判断""为了做这个决定需要关注哪些方面"等。读书时，在往大脑里输入知识的同时，通过自己的思考有所输出，才能更好地吸收书中的内容。

读完后，我在一行日记中写下关于"孙正义想要给世界带来什么样的影响"的思考，然后重读日记时，再深入思考自己想要给世界带来什么样的影响。（例2-7）

例2-7 《愿景：孙正义一生的精进哲学》的读书日记

1月

[做过的事] 读了《愿景：孙正义一生的精进哲学》这本书，了解了孙正义想要给世界带来影响的愿景，感到大为震撼。

[对自己的意义]（这件事对自己来说有什么意义？）为什么他会有这种想法？自己想要给世界带来什么样的影响呢？

[新发现] 感觉自己的格局跟他的格局还是有差距的。不过这种差距真的跟格局大小有关系吗？

[接下来的行动] 目前得不出答案，还需要继续深入思考。

这样，我就能通过书籍和杰出的经营者孙正义对话，并从中获益。即使是已经退出商业舞台的经营者，或者是自己从没见过的人，甚至是历史人物，我们也可以以书籍为媒介，穿越时空和主人公对话，思考自己在那种情况下会怎么做，从书中人物的经历中学习。不断循环这个过程，我们就能加快成长的速度。

第三章

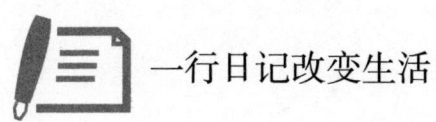

一行日记改变生活

第三章
一行日记改变生活

☺ 习惯能让你改变自己、做得更好

除了养成写"一行日记"的习惯，根据从中获得的新发现，将具体的行动落实到日常行动中也是非常有效的。

比如回顾一行日记中的经历时，发现"这次商谈的准备时间不足"，那么我们就能想到一些改进措施，比如下次要从一周前就开始准备，在确定商谈以后就进行相关的调研，在商谈当天提前30分钟到场复习一下整理的资料等。

我在演讲或者研修的时候，一般都会提前30分钟到达会场附近。

虽然准备工作在前一天就已经完成了，但还是要花30分钟的时间集中精力确认资料和当天的安排，模拟如何展开话题。我是经过了多次的回顾反思，才养成了这个习惯。

商谈也是如此。

除了思考对话会如何进行，有时间的话，我还会在网上或者书籍里搜索和查找对方的信息。如果不花时间去了解这些，这不仅是对对方不礼貌，同时还失去了一个"知己知彼"的机会。比起"我对您不太了解，所以希望您多介绍一下您的情况"这句话，"您的这段经历我在书上读到过，我觉得很有趣，希望您能再详细说说"这句话，会让对方更愿意交流。同时在这个过程中，我们也要思考自己应该聊什么话题。

然后在一天的商谈结束后，回顾反思一下自己的表现是否和预想的一样。带着计划去尝试，自己的意愿和期望会更明确，回顾反思的效果也会更好。

为什么要为了一次商谈做如此周密的准备呢？这是因为自己不擅长和他人交流。

第三章
一行日记改变生活

我经常担心和第一次见面的人交谈时会冷场,不知道该说什么或者说的话自相矛盾。

本身交流能力很强,无论什么场合都能得心应手地让气氛活跃起来的人,可能不需要做这么细致的准备。但我在回顾反思中,直视了自己的这一短板,并下定决心通过努力做出改变。将每次商谈前先考虑如何才能让双方的交谈更融洽养成习惯,不至于发生尴尬冷场的情况,然后在事前做足相应的准备。

仅仅重复这个过程,就会有很好的效果。

☺ 在行动中发现问题、解决问题

一行日记可以说是一种在跑步过程中调整跑步姿势的工具。

要想跑得更快,我们可以怎么做呢?可以读一些与跑步相关的书,可以买一双性能更好的跑鞋等。

但最重要的是，我们要先跑起来。

不管是50米还是100米，不先跑跑看，就不知道自己跑步的速度和跑步的姿势。

一开始可以不用跑得很快，比起速度，留下可供回顾反思的素材更重要。这样做有可能会面对惨不忍睹的成绩而觉得深受打击，但无论成绩有多差，有了秒表上的数字，回顾反思就变得容易起来。打开笔记本或应用程序，记下"跑100米用了18秒"，直面现实便是最初的起点。

想要进行新的尝试，或者想改变自己的时候，很多人都会从输入入手，曾经我也一样。一开始觉得输入就可以了，后来渐渐转变为从输出（行动）到输入的过程。

比起从输入到输出，采用先进行输出，然后回顾反思，再进行输入的过程，成长的速度明显更快。这是根据我的自身经历得出的结论。

也就是说，要想跑得更快，与其先读上十本讲解跑

第三章
一行日记改变生活

步的书，不如先跑一跑，再来回顾应该怎样调整呼吸和摆臂的方法，再学习相关的理论知识。这样效率更高。

行动是最重要的，这一点我在《零秒行动力》这本书中也介绍过。跑步的方法尚有指导手册，可经济活动却没有正确答案，根本不存在"零风险的选项"。

总想着再多做一点准备，而迟迟不行动，只会浪费宝贵的时间，结果可能是白白做了万全的准备，却终究是一事无成。

为了避免这种情况的发生，要先建立一种假设，并尽快付诸行动，然后反复试错，调整假设。高效循环这个过程，从假设中得出正确答案。

成长无捷径，只有相对效率更高的方法。我认为先付诸行动肯定是最佳的选择，如果一味地纸上谈兵、研究方法论，不去亲身体验，只会本末倒置，浪费宝贵的时间。

能否养成"行动→回顾反思→发现"的习惯，能否坚持下去，很大程度上会左右我们人生的轨迹。

接下来我将介绍如何利用一行日记改善我们的工作、生活、兴趣。

😄 用一行日记改善工作、生活、兴趣

方法很简单，就像第一章中所提到的，只要写"一行日记"就可以了。

如果想改善工作方法，那么不仅要有新的发现，还要针对接下来的行动提出具体的改进措施。

我们来看几个例子。

例 3-1 和例 3-2 是记录了工作和生活中的失误的日记。

例 3-1 中的失误包括没有见到预想的负责人、和上司的理解不一致、记错了场馆的休馆日。

例 3-2 是针对自己经常忘带东西这一点进行回顾

第三章
一行日记改变生活

反思并想出改善措施的日记。

例 3-1 利用日记改善工作中的失误

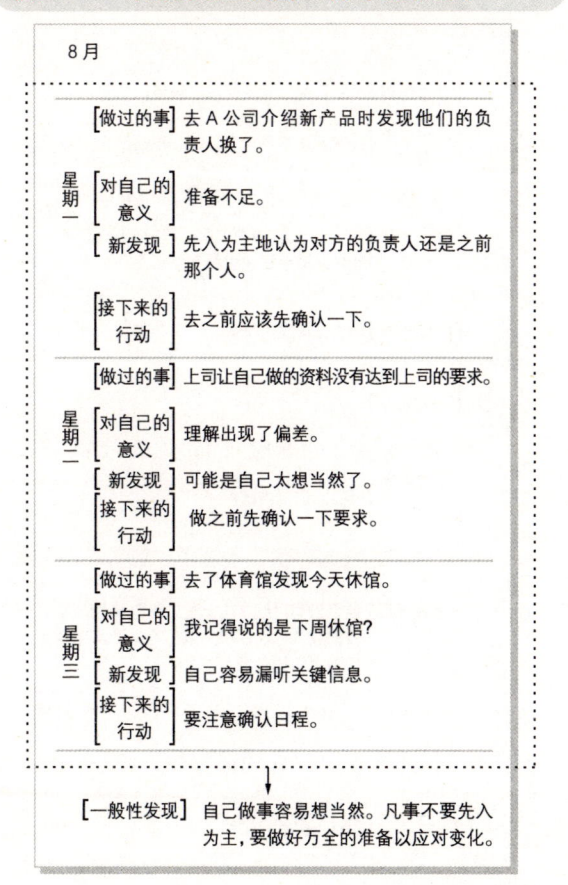

8月

星期一
- [做过的事] 去A公司介绍新产品时发现他们的负责人换了。
- [对自己的意义] 准备不足。
- [新发现] 先入为主地认为对方的负责人还是之前那个人。
- [接下来的行动] 去之前应该先确认一下。

星期二
- [做过的事] 上司让自己做的资料没有达到上司的要求。
- [对自己的意义] 理解出现了偏差。
- [新发现] 可能是自己太想当然了。
- [接下来的行动] 做之前先确认一下要求。

星期三
- [做过的事] 去了体育馆发现今天休馆。
- [对自己的意义] 我记得说的是下周休馆?
- [新发现] 自己容易漏听关键信息。
- [接下来的行动] 要注意确认日程。

[一般性发现] 自己做事容易想当然。凡事不要先入为主,要做好万全的准备以应对变化。

例 3-2　利用日记改善生活中的失误

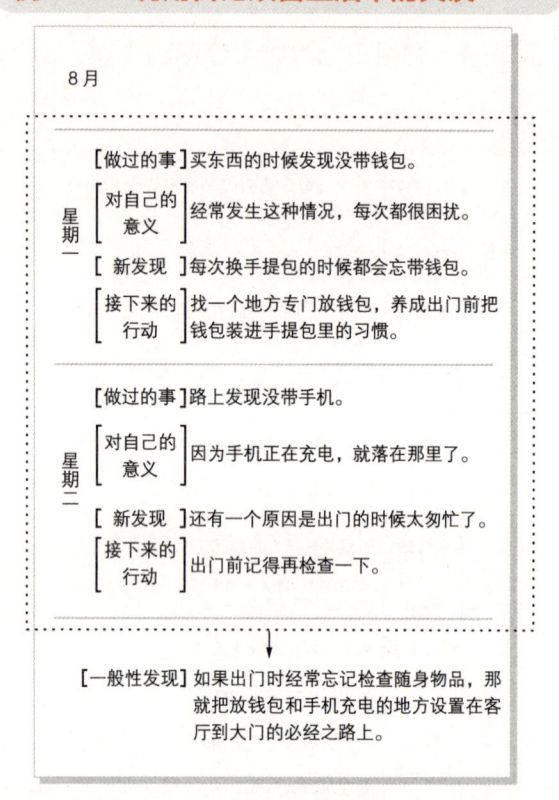

8月

星期一
- [做过的事] 买东西的时候发现没带钱包。
- [对自己的意义] 经常发生这种情况，每次都很困扰。
- [新发现] 每次换手提包的时候都会忘带钱包。
- [接下来的行动] 找一个地方专门放钱包，养成出门前把钱包装进手提包里的习惯。

星期二
- [做过的事] 路上发现没带手机。
- [对自己的意义] 因为手机正在充电，就落在那里了。
- [新发现] 还有一个原因是出门的时候太匆忙了。
- [接下来的行动] 出门前记得再检查一下。

[一般性发现] 如果出门时经常忘记检查随身物品，那就把放钱包和手机充电的地方设置在客厅到大门的必经之路上。

如果这种失误或者错误经常发生，虽然不至于引起客户的不满，但总是重复同样的失误，就会难以提升业绩。

利用日记每天回顾反思，就会意识到"下次去之前应该先预约确认"。进一步思考，又会得到更深入的发现，认识到"自己在这方面的失误很多，有可能是因为自己容易先入为主"。

当发现了自身的问题，之后就能想到需要注意的地方，在事前加以预防。

组合"具体"和"抽象"

在我们思考改善措施的时候，像例 3-1 这样，将"事先预约确认"这种具体的措施和"不要先入为主"这种较为抽象的措施结合起来会更容易实施。这和第二章中介绍的进行"一般的回顾反思"时要进行分组类似。

比如，2020 年的春天，我看到志村健感染新型冠状病毒去世的新闻后深受打击。我是看着志村健的节目长大的，无论如何也无法把他和死亡联系在一起。

而看到新闻时,我意识到人必然会经历死亡,志村健也不例外。

那时,我的脑海中浮现出了之前在某本书上看到的内容。"曾患过可能威胁生命的大病的人,之后往往会奋发图强、有所成就"。

然后我联想到了现在的自己。

"从前,当我觉得自己随时都有可能面临死亡的时候,我会倍加珍惜当下的每分每秒。如今,我却在虚度光阴。因为我觉得自己身体还健康,生命还很长。""死亡会在不经意间被淡忘。每天都想着'自己可能会死'便难以生活下去,所以我们下意识地不去想这件事,死亡就逐渐从记忆里淡去了。"

然后我又想到了接下来的行动。

"要每天提醒自己'人必然会经历死亡',将这种想法变为习惯。"

第三章
一行日记改变生活

看到志村健去世这则讣告，我得到了"人都要面临死亡""意识到自己正面临死亡的人往往会更珍惜时间""不刻意去想，死亡就可能会被淡忘"这些抽象的认知，同时又落实到了具体的行动上，决定养成"每天提醒自己，人会面临死亡"的习惯，这样就形成了一个组合。

如果只有抽象的认知，那就仅停留在"意识到人的生命是有限的"，却不知道自己应该怎么做。如果只有具体的措施，比如"会前要提前 30 分钟到场准备"，就难以看到整体的人生目标。将抽象的认知和具体的措施结合起来，才能更好地为下一步行动提供指导。

😀 将回顾反思应用到日常生活中

这种回顾反思同样可以用到学习、运动、减肥中。

例 3-3、例 3-4、例 3-5 可供参考。

例 3-3　关于英语学习的日记

8 月

星期一
- [做过的事] 在英语口语课上讨论了时事话题。
- [对自己的意义] 发现自己不知道的经济术语有很多。
- [新发现] 了解这些应该会很有用。
- [接下来的行动] 每天读一篇《新闻周刊》(Newsweek) 的新闻摘要。

星期二
- [做过的事] 大致看了一下英语版的《新闻周刊》。
- [对自己的意义] 同一则新闻,不同语言的版本表达方式也不同。
- [新发现] 通过比较获得新的发现,很有趣。
- [接下来的行动] 有时间的时候可以精读一篇报道。

第三章
一行日记改变生活

例 3-4　关于马拉松的日记

8月

星期一
- [做过的事] 从家跑到了车站，共跑了5公里。
- [对自己的意义] 速度比较慢，可能没法在想参加的比赛的规定时间内跑完全程。
- [新发现] 需要改变目标，或者调整跑步的姿势。
- [接下来的行动] 考虑一下改变目标。

星期二
- [做过的事] 试着用朋友告诉我的技巧，跑了5公里。
- [对自己的意义] 仅仅调整了一下姿势，跑起来就轻松了很多。
- [新发现] 改变跑步的方式就能有这么大的改善。
- [接下来的行动] 读一些关于跑步的书，进行进一步研究。

例 3-5　关于减肥的日记

8 月

星期一
- [做过的事] 加班后觉得很饿，就去便利店买了很多吃的，吃了个夜宵。
- [对自己的意义] 不能因为饿了就去买吃的。
- [新发现] 这种时候可能不要去买东西比较好。
- [接下来的行动] 在家里备一点食品。

星期二
- [做过的事] 感觉又要加班，所以就先吃过饭了，但回家时又去便利店买了吃的。
- [对自己的意义] 为什么要买这么多吃的？
- [新发现] 买吃的可能不是因为自己想吃东西，而是因为想买点什么。
- [接下来的行动] 找一找除了买东西还有什么其他的可以调整心情的方式。

- [事后的新发现] 买东西可能是一种缓解压力的方式，以后下班回家时可以养成其他的习惯，比如去健身房健身。

第三章
一行日记改变生活

☺ 写下真实的想法，思路会更清晰

写日记的时候还有一点很重要，就是要写自己内心真实的想法。

例 3-6 写的是我认为同事在工作中做得很好的地方。但是，并不是所有自己觉得好的地方都有必要学习。

我觉得同事做的幻灯片很美观，这是一个客观的评价，以此为契机，可以思考一下自己应该怎么做。思考后得出结论，"比起幻灯片的设计，自己把更多的时间花在增加企业战略规划的数量上，才能更好地发挥自己的强项"。

一般情况下，若看到同事的幻灯片做得很美观，我们可能会想"自己也可以模仿他"，但在这里，"自己没有必要这样做"才是重要的发现。

通过回顾反思，整理思绪，可以让自己的想法更清晰。

例 3-6　利用日记了解自己的想法

星期一		
	[做过的事]	在公司的企业战略规划会议上做汇报。
	[对自己的意义]	同事的幻灯片做得很美观。
	[新发现]	幻灯片是否美观真的重要吗？只要能传达想传达的内容就可以了。
	[接下来的行动]	比起幻灯片的设计，我想把更多的时间花在增加企业战略规划的数量上。

😊 确定回顾反思的主题

如果想要提升某一具体领域的能力，那么回顾反思时最好设定一个主题。

就拿我现在的专业领域领导力开发和交流能力为例。

第三章
一行日记改变生活

如果你感觉在远程会议上与他人交流比面对面交流更困难，那就以交流为主题在一行日记中进行回顾反思。

然后你会发现同样是远程会议，有的时候交流得很顺利，有的时候却不顺利。回看与远程会议相关几天的日记，深入探究为什么会有差异，就会发现当对方频频点头跟我们互动的时候，交流会更顺畅。

有了这个发现就会恍然大悟。在远程会议上，微表情和气氛往往很难传达给对方，所以要尽可能多地点头与对方互动，做出一些反应的时候可以表现得更夸张一点，这样才能更好地把自己的感受传达给对方。

例3-7、例3-8、例3-9也是关于改善交流效果的日记，可供参考。

例 3-7　以交流为主题的回顾反思

星期一　[做过的事]
远程会议时，对方完全没反应，交流变得很困难。

星期二　[做过的事]
远程商谈时，对方经常给我回应，交流得很顺畅。

星期三　[做过的事]
远程会议时，如果对方没有反应，我说话的声音就会越来越小。

[一般性发现] 不管是讲者还是听者，做出反应的时候要表现得明显一点儿，才能更好地把自己的感受传达给对方。

例 3-8　作为队长带领团队的日记

8月

星期一

[做过的事] 作为队长在队员面前讲最近的训练和下周比赛的事。

[对自己的意义] 由于不擅长在很多人面前讲话，我很紧张。

[新发现] 但是有人听得很认真。

[接下来的行动] 试着对着那些听得很认真的人讲话。

星期二

[做过的事] 我提醒大家训练时不要交头接耳，但有几个队员却置之不理。

[对自己的意义] 我在说理所当然大家都应该遵守的事，为什么有人不听？

[新发现] 即使是理所当然的事，也有人不听。

[接下来的行动] 可能需要改变一下说话方式。可以和顾问老师商量一下。

例 3-9 关于职场中人际关系的日记

8月

星期一
- [做过的事] 公司的前辈一直在跟我发牢骚，导致我的情绪也低落了。
- [对自己的意义] 不想再听他发牢骚了。
- [新发现] 前辈可能觉得互相诉苦能让彼此的关系变得更好。
- [接下来的行动] 在他开口前先找点别的可以聊的话题。

星期二
- [做过的事] 今天前辈又不停地发牢骚，我以自己还有事要忙为借口打断了他，他也没再说什么。
- [对自己的意义] 可以跟前辈直接表达自己的想法。
- [新发现] 人与人的相处中，最重要的就是向对方表达自己的想法。
- [接下来的行动] 之前一直有所顾虑，今后可以试着鼓起勇气表达自己的想法。

第三章
一行日记改变生活

😄 积累特定主题的回顾反思构建自己的理论

重复类似例 3-7 中以交流为主题的回顾反思,不仅对远程会议,对日常的对话和讲授也具有指导意义。如果我觉得今天的交流效果不太理想,就会思考有哪些需要注意的事,或者怎样才能更好地表达自己的想法。

通过积累,可以形成自己的交流风格,进一步加工,然后就能构建起一套属于自己的交流理论。

比如最近远程会议增多了。一行日记中可能会写"提前了一点时间进入会场,和部门的同事闲聊了两句,很开心""会议中同事 A 家的孩子突然出现在画面里,紧张的气氛一下子缓和了下来""同事 B 举手示意想要发言,但主持人没注意到"之类的当天发生的事以及自己的心得。

一行日记

通过回顾反思就会发现，远程交流的时候往往容易只谈工作，但从团队建设的角度来看，闲聊有助于增进成员之间的感情。"部长在孩子面前竟然会露出那种慈爱的表情，可以看到大家在生活中的另一面，这也是远程会议的一个好处"，"因为每个人的视频画面很小，所以在远程会议上更要仔细观察每一个人"等。

以交流为主题进一步对这些发现进行回顾反思，就能提出"远程会议需要更深入的交流，要有意识地留出闲聊的时间，活跃团队内的气氛"的见解。这样，就可以在别人面前发表自己的观点，或者在团队活动中将自己的意见传达给大家。

这不是一种技巧，而是针对某一方面自己概括出来的理论性"见解"。

而设定的主题不一定非得跟工作相关。如果你喜欢每天早晨冲咖啡，那么主题也可以是"冲咖啡的方法",如果你喜欢吃拉面,那么主题也可以是"有名的面馆店主的共通点"。

曾经有人跟我说"自己想写一本书,但不知道要以什么为主题。""我开了一个博客,但是找不到什么可以发表的话题,就没坚持下去。"这个人最了解的就是他每天的工作,一直在坚持的兴趣爱好,还有他自身的情况。

如果能从这些当中获得很多新发现,确定一个主题,进而构建起一套理论,那么就一定能成为这一方面的"专家"。例 3-10 中的"面馆探店"日记可供大家参考。

一行日记

例 3-10　面馆探店日记

8月

星期一
- [做过的事] 吃了一家新开的面馆的面。
- [对自己的意义] 吃的是酱油味的拉面，虽然配菜很简单，但味道很好。
- [新发现] 发现光是汤底和面就非常好吃。
- [接下来的行动] 下次去面馆的时候，要问一问店主汤底有什么特点。

星期二
- [做过的事] 附近的面馆推出了新品。
- [对自己的意义] 这家九州拉面店推出的酱油拉面意外地好吃。
- [新发现] 调整酱汁和汤底的比例，味道就会不同。
- [接下来的行动] 研究一下汤底的原料，写一篇关于这家面馆的博客。

[一般性发现] 有名的面馆都十分重视原材料，今后要继续探店，观察面馆的变化。

第三章
一行日记改变生活

😊 通过"框架化"加速成长

每天坚持写"一行日记",把见闻记录下来,时间长了就能积攒很多记录。我会在重读日记的时候,将每天的经历框架化。

所谓框架化,就是在回顾反思的时候,把从一个经历中获得的心得,转化成可以应用于其他领域的理论。

经营学中经常能用到框架化的方法。

框架一般用于解决"如何进行市场分析""进行生产线变革的时候要从哪方面着手"等问题。

其中比较有名的就是用于经营环境分析的"3C分析",指按照消费者(Customer)、竞争者(Competitor)、企业自身(Corporation)这三个方面进行市场分析。

这种框架有助于高效地进行市场分析,避免因面对海量的信息而无从下手的情况。

简单来说，框架就是一种工具，指导我们在解决复杂问题时找到共通点，让一个问题的解决思路也能用到其他问题上。

这样一来，一旦找到了自己的思维框架，成长的速度就会加快，遇到问题也可以更快地找到解决方法。而且思维框架不仅可以应用于经营领域，也可以应用于生活中的人际关系问题，甚至乐队的练习也能用到思维框架。

坚持写一行日记，将每一个经历用文字记录下来，就能在笔记本或应用程序中积攒成一笔属于自己的财富。我在回看日记的时候，会通过把各种经历联系起来或者重新排列的方式实现框架化。我框架化的思路主要有三种。

（1）寻找共通点

以其中三天的一行日记为例。

第一天　举办了面向孩子的研讨会。

第三章
一行日记改变生活

第二天　和学生创业者们进行了交流。

第三天　在 Z Holdings①的企业内大学研讨会上发言。

通过回顾可以发现,这几场活动"只是对象的年龄不同,要讲的内容本质上是一样的",所以只需要改变一下讲话的方式,"内容可以基本保持不变"。

就像因数分解一样,分析不同的事件,找到共通点。这样一来就能明白"根据对象的年龄调整措辞才会更容易传达信息""不管什么年龄段的人,都在怀揣着自己的理想努力拼搏,我需要讲一些能帮助他们的方法论"。从不同的事件中提炼出解决问题的框架,就能将其应用到很多有共通点的问题上。

(2)按时间顺序排列

这是一种按时间顺序排列类似的事件来进行思考对比的做事方式。通过分析可以知道与之前相比进步

---

① 软银集团旗下互联网子公司。——编者注

了多少。比如，和半年前相比，自己的英语水平提升了多少。

  半年前：听了史蒂夫·乔布斯的英语演讲，90%都听不懂。

  三个月前：每天坚持听史蒂夫·乔布斯的演讲，现在能听懂一半了。

  今天：半年前开始听的史蒂夫·乔布斯的演讲已经烂熟于心，现在再听发现每一个发音都听得很清楚。

（3）从相对性的角度思考

我们的注意力很容易局限在眼前的事物上，这种情况下，我们可以先写一写"一行日记"，然后和其他的日记进行比较，想一想与那个时候相比，现在的情况是不是相对来说并没那么糟糕。而通过这种比较，回顾反思的角度也会更加多样。

  一年前：很多工作堆到一起了，太难了。

第三章
一行日记改变生活

今天：很多工作堆到一起了，真是太难了。

（虽然写的东西和一年前基本一致，但现在的情况比那时候好多了……）

😄 回顾反思的三个作用

1. 把消极的事件变得积极

用"一行日记"反复进行回顾反思是有意义的，重新回顾过去的经历时，对同一件事的理解也会发生变化。

以一些令人烦躁、令人失望的事来举例说明。最近由于新冠肺炎疫情，很多我已经准备了很久的活动都被取消了。

于是我在一行日记中写道：

"花了很长时间准备的活动因疫情而取消了。好遗憾。"

当出现失落、懊悔这些负面情绪的时候，我们可能没有心思去思考这些事"对自己有什么意义""从中可以获得什么新发现"之类的事，但如果只是一味地逃避现实，那这个经历就无法成为日后学习的素材。所以，我就先把这件事记录下来。当过了一个月再看的时候，我惊讶地发现，当初写日记时的负面情绪已经消失得无影无踪了。

原因可能有两个。第一，对于用文字记录下来的东西，我们可以站在全局的视角进行分析。就像第一章里讲的，写一行日记就是为了让自己能够俯瞰全局，站在第三者的角度客观地分析自己的经历，实现元认知。

第二个原因就是随着时间和环境的变化，已经发生的事对自己的意义也会发生改变。

本来我可以在活动上学习这个领域的新知识，和很多人面对面地交流，所以活动取消让我觉得很遗憾。可就算没参加活动，我却在别的地方通过书本了解了相关知识，通过在网络上和很多人交流，不知不觉间就弥补了这个遗憾。

再读这行日记时，我意识到虽然活动无法举行是一件很遗憾的事，但我完全没有必要为此生气或难过。

2. 培养对机遇的敏感度

反复重读一行日记的过程中还有一件重要的事便是，为过去发生的事赋予新的意义。已经发生的事不会改变，但我们在大脑中给这件事贴上什么样的标签却取决于现在的自己。

即使做同样的事，我们的心得也会逐渐发生变化。这个循环往复的过程可以帮助我们培养"感觉"。

一行日记里写的都是日常的小事和从中获得的发现。将此养成习惯并回顾反思，从每一个稀松平常的日子里有所收获，那么当大的转机出现的时候，我们就能敏感地察觉到"现在是个好机会"。

调香师能分辨出上千种香味，这不仅得益于灵敏的嗅觉，他们还需要每天练习分辨数十种香味，反复进行大量的假设验证。优秀的侍酒师也是如此，需要进行大量、反复的练习。长此以往，能力会在反复练习中形成并进化。

"感觉"看似是天生的能力，但其实它跟肌肉训练类似，也可以通过每天脚踏实地地练习培养起来。

3. 让我们朝着梦想和目标迈出第一步

很多心中有目标却难以开始行动的人都表示，自己在收集信息和自我分析上花的时间过多。这一点我很理解，因为我曾经也是这样。

要说"自己的人生目标是什么"，好像"童年时期的梦想是从事能为世界和平作贡献的工作"，那么我是该去国际组织工作，还是该去非政府组织工作？如果我们满脑子都想着这种"远大的理想"，而不落实到实际中，那就只是单纯地在浪费时间。

远大的理想固然重要，但更重要的是一点一滴的积累。比如在上班路上看到砖墙倒了，便把这件事记录下来，回顾反思的时候觉得这样会给行人带来不便，于是就打电话向市政部门反映这一情况，又觉得小学生上学经过此处时存在安全隐患，于是就与市议会的议员讨论这件事。像这样，这些看似微不足道的小事经过不断地积累，反而会成为促进世界和平的捷径。

例 3-11 是通过回顾每天的经历和自己的感受，从中发现了目标的例子。

行动力强的人往往不是先有了远大的目标再去行动，而是先迈出最初的一小步，再不断前行。人们对一件事的热情往往也是在行动的过程中产生的，更重要的是通过回顾反思，明确前进的方向，并将这个过程养成习惯。

有时我们并不需要什么"重大的转机"，因为人生轨迹本来也不是一下子就可以逆转的,想要改变自己,只能通过每天脚踏实地地生活,积少成多。

习惯可以改变一个人,每天的回顾反思就是行动力的来源。

例 3-11　通过一行日记发现了自己想做的事

8 月

星期一
- [做过的事] 听说朋友换工作了。
- [对自己的意义] 觉得很羡慕,开始思考自己是否应该保持现状。
- [新发现] 和朋友相比,自己学的东西还不够。
- [接下来的行动] 从长远的角度思考自己想做什么工作。

星期二
- [做过的事] 自己的方案得到了客户的认可。
- [对自己的意义] 很开心自己做的方案能得到认可。
- [新发现] 发现了能让对方认可的地方。
- [接下来的行动] 学习专业知识。如果能提出更有效的方案,或许就能独当一面了。

第四章

在回顾反思中认识自己、塑造未来

第四章

在回顾反思中认识自己、塑造未来

😄 为什么我能在 50 多岁的时候找到自己想做的事

"在武藏野大学开设一个新的学科吧。"——2019年,有人向 52 岁的我这样提议道。

武藏野大学是一所私立大学,前身为 1924 年在筑地本愿寺建立的武藏野女子学院。武藏野大学积极开拓创新,除了传统学科,在西本照真校长的带领下,数据科学等新学科也于 2019 年开设。

为培养具有领导力、敢为人先的年轻人才,西本校长想在学校里设立一个新的学科,并邀请我协助他。

收到这个邀请,我马上就答应了。为什么我能这么快做出决定呢?这是因为,通过每天的"回顾反思",直觉告诉我这就是我应该做的事。

一行日记

在此之前，我在日本雅虎学堂以及顾彼思商学院从事面向职场人士的教育工作，而在每天的回顾反思中，我意识到一件事。那便是我们的教育不能只面向职场人士。一直以来，我把这种教育工作视为自己毕生的事业，认为帮助那些有理想有抱负的职场人士很有意义，但与此同时，我也在想，对于还没有迈入社会的学生来说，这种教育也很重要。再加上那时候，我因为工作原因，接触了很多企业家，他们当中很多人都是从年轻的时候开始就胸怀理想并为之奋斗。我认为如果这样的人才增加了的话，一定能让整个国家更有活力。为此，我们需要职场教育和学校教育齐头并进。

2019年7月日本顾彼思商学院举办了一场面向学员的活动，我和教育改革家藤原和博先生偶然在会场里遇见了，于是我们交谈了一个小时左右。

可以说是藤原先生给予了我从事教育事业的契机。

第四章
在回顾反思中认识自己、塑造未来

当时他对我说:"我看你在雅虎学堂的工作做得得心应手,取得了很多成绩。不过接下来的一年应该是重要的一年,我觉得可能会出现你事业的转机。"

这番话给我留下了很深的印象,而在那不久之后,武藏野大学的校长就邀请我一起开设新的学科。我的眼前仿佛豁然开朗了起来,就好像每天日记中的"点"和藤原先生的话连在了一起,组成了一个不容置疑的答案。那一瞬间,我确信:"这就是我想做的事!"

如果没有每天的回顾反思,我可能无法在当时当机立断做出决定。

通过每天的回顾反思,我内心的想法和前进的方向更加明确,所以当机会来临的时候,我马上就能够判断是否应该抓住这个机会。

这就是我命中注定的事业。

正是因为在回顾反思中我内心的想法已经十分明确,我才能如此坚信。

本章将介绍如何运用日记和回顾反思明确内心的想法和前进的方向。

😄 找到自己的方向

说到梦想,可能很多人并没有"具体的梦想"。我也觉得从具体的梦想倒推所需的行动难以实现,而且很麻烦。

但只要每天都进行回顾反思,我们或多或少能对自己应该前进的方向和自己喜欢的事有一个大体的把握。

以例 4-1 来举例说明。这个例子是关于"人生中重要的事""能让自己兴奋的事"的日记。从中可以发现,有好几处我都写到"教别人的时候很开心",这样就可以发现自己感兴趣的领域。然后就能迈出第一步,决心学习教育方面的相关知识,或者进一步思考自己

第四章
在回顾反思中认识自己、塑造未来

都有哪些可以教给别人的东西。

例 4-1　在日记中找到"自己"的方向

1日
星期一

[做过的事]
给后辈提了一些建议,后辈采纳建议后在公司受到了表彰,特意来向我道谢。我很开心。

9日
星期二

[做过的事]
我告诉正在烦恼的后辈,和一年前相比他在哪些地方有了明显的进步。听了我的话,他很开心。

17日
星期三

[做过的事]
同事找我商量工作上的事,我给了他一些建议。之后他高兴地向我反馈,事情进展得很顺利。

↓

[一般性发现]
自己喜欢帮助别人成长进步。

在我们每天写日记的过程中应该能够发现什么是"能让自己兴奋的事",但如果这种感觉只出现了一次,那么就很容易被忽视,无法上升到对职业生涯的意义上。而通过回顾反思,发现这种感觉出现了两次、三次,就能确信"自己对这个方向感兴趣"。

再来看例 4-2 的例子。

例 4-2　在日记中发现自己的价值观

星期一
[做过的事]
在公司的企业战略规划会议上,A 课长说想要了解市场动向,让大家提供相关的数据。团队里的同事 B 毫无保留地把对自己的主张不利的数据也提供了出来,A 课长对此提出了批评。于是我详细介绍了一下这些数据的背景。

[新发现]
一般人都不会提供对自己主张不利的数据,同事 B 遵守规则提供了全部数据。虽然有点死板,但这说明他很诚实正直,我不想打击他的积极性。

星期二
[做过的事]
同事 C 把之前同事 B 说过的意见又说了一遍,还自称是自己的意见。我提醒大家 B 刚刚说过同样的意见,但会议的流程没有因此而改变,我很不高兴。

[新发现]
我想要改变努力的人得不到回报的情况。

↓

[一般性发现] 自己希望创造一个努力的人都能得到回报的环境。

第四章
在回顾反思中认识自己、塑造未来

和"喜欢的事"相反,这里写的是生活中自己看不惯的事。在深入思考"为什么自己会这样想"的过程中,就能发现自己的价值观是什么。

重复这个过程,就能更清晰地认识到哪些才是"人生中重要的事"。

随着不断积累经历,各种想法的重要性和优先度在我们心中也会发生改变。再加上有可能发生类似2020年新冠肺炎疫情这种意料之外的事件,每件事的优先度也会因此再次发生改变。而反复回顾日记,就能帮助我们更深入地理解对自己的人生来说什么才是重要的。

☺ 通过一行日记了解自己的优势

按照"兴趣""擅长的事"来分组,就能了解自己的长处,给每件事"贴上标签"。

一行日记

有着丰富企业经营咨询经验的冈岛悦子女士曾表示，自己很喜欢给每件事贴上标签。比如，要为新的项目选定负责人的时候，需要思考"公司里是否有合适的人选"，她的方法是列出与项目相关的关键词，如"新项目立案""知识产权"，然后在脑海中按照关键词检索合适的人。

那么我们如果想要被选中，就要猜测别人会以什么关键词来检索，并据此突出自己的优势。贴标签的过程也是一个对自己的能力进行元认知、客观思考自己的价值的过程。比如例4-3就是通过记录一行日记和回顾反思来了解自己的优势。

第四章
在回顾反思中认识自己、塑造未来

例 4-3　通过日记了解自己的优势

[做过的事]
星期一　给别的部门做的海报提了一些建议，对方很高兴地接受了。

[做过的事]
星期二　自己制作的贺年卡每年都被夸好看。

[做过的事]
星期三　今天去看了喜欢的偶像团体的演唱会，很兴奋。

[做过的事]
星期四　在社交平台发了演唱会相关的内容，自己追星的事被公司的同事知道了，觉得很不好意思。

[做过的事]
星期五　市场部的同事 C 来问我喜欢的偶像的事。从来没想过有人会找我咨询这方面的事。

[一般性发现] 自己的标签是"设计"和"追星"。

😊 怎样让理想照进现实

大家都有理想和目标吗?

可能有的人觉得,若是没有具体的理想和目标并为之努力的话,人生就不会太顺利。

不过说实话,我也没有很具体的理想。

转职到日本雅虎、著书、在大学里任职学院的院长这些事,都是我不曾想过的。或者说,如果我真的有什么具体的目标的话,可能就不会去雅虎工作了。

但是我清楚自己应该朝着什么方向前进。虽然这个方向很模糊,只是类似"想以这种方式为社会做贡献""希望世界能朝着这个方向发展"这种朦胧的目标,就像北极星一样,只能指向一个大致的方向。

不管是否具体,有的人还是拥有属于自己的"北极星"的。

就算现在没有,坚持记录一行日记并回顾反思后,

第四章
在回顾反思中认识自己、塑造未来

一定可以找到。

要想让"现在"和"未来"联系起来,就需要把自己每天的经历和自己的"北极星"联系起来。

空有目标,却不朝着那个方向努力,目标就永远也无法实现。而且如果不知道自己距目标还有多远,我们也会感到不安。

所以我就进行了第二章中提到的"重要的回顾反思"。

重要的回顾反思就是通过回顾一个月或者三个月,甚至是一年的日记,审视自己是否在朝着目标的方向前进。

比如可以回顾以下几点。

- 这段时间自己是否有所成长
- 为什么会有所成长或没有成长
- 这段时间对自己有什么意义

如果已经有了努力的方向,比如"想要创造每个人都能畅所欲言的社会环境""想减重10斤然后充满自信地站在大家面前""想要在工作中熟练使用英语",那就可以看一看自己是否朝着预期的方向在成长。

重要的回顾反思需要花时间认真做。我甚至会特意去度假区或者旅馆一个人住一晚,一直进行"重要的回顾反思"。放松身心,重新翻阅一行日记,一边回顾一边思考。虽然我在这个过程中只是在脑海中思考,没有落笔写点什么,但每个人可以选择自己喜欢的方式。

这样一来,就能知道自己和一个月前、三个月前、一年前相比,有了怎样的成长。当然也有可能看上去完全没有成长,不过看似毫无进展,实际上我们可能在别的方面发生了一些变化。成长不一定局限于知识的增加、技能的提升,在任何方面发生了变化都可以算是成长。重要的是感受这种变化(成长),对比过去,发现自己现在的变化。

第四章
在回顾反思中认识自己、塑造未来

要想达成目标，有的时候仅靠回顾反思还不够，还需要有一个目标"北极星"指引着自己成长的方向，不然就会容易偏离轨道。（参考例4-4）

例4-4 以"北极星"为目标进行重要的回顾反思

[北极星] 想要创造一个每个人都能畅所欲言的社会环境。

[日记]・无视社交平台上的负面评论。
・会议结束后问一问会议上没怎么发言的人的意见。
・鼓励他下次积极发言。

・这段时间自己是否有所成长？
有。

・怎么成长了？
学会了体谅没发言的人的感受。

・这段时间对自己有什么意义？
自己开始从身边的小事做起，为实现自己理想中的社会而努力。

[北极星] 想要减肥然后充满自信地站在大家面前。

[日记]・靠自己可能坚持不下来，所以请了健身教练。
・教练会注意到自己容易忽视的地方。
・坚持了一个月！

・这段时间自己是否有所成长？
有。

・怎么成长了？
战胜了没有毅力的自己，坚持了下来，迈出了第一步。

・这段时间对自己有什么意义？
坚持下来以后开始对自己充满信心。

😊 连接过去、现在和未来的"人生轨迹图"

可以用来确认自己的行动方向的方法除"重要的回顾反思"之外，还有一个更大的时间轴，那就是"人生轨迹图"。

人生轨迹图就是回顾我们从有记忆时到现在的经历，回忆自己当时的感受，以及产生这种感受的原因。然后画一个象限图，将顺境画到正象限里，逆境画到负象限里。

回首过去的过程也是一个回想"为什么"的过程。比如，思考自己当初从事领导力开发的相关工作时，为什么会充满激情。

回想自己那时候为什么会采取这样的行动，不知不觉中就会发现指导自己行动的价值观。这种价值观，也可以说是一种"坚定的信念"，是决定自己行为的核心因素。

第四章

在回顾反思中认识自己、塑造未来

如果不知道自己应该做什么，不知道对自己而言什么才是重要的，那就结合一行日记，画一画人生轨迹图，在回首过去的过程中，不仅可以了解自己的价值观，还能看清对自己而言什么是重要的事以及今后的生活方式。

画人生轨迹图的方法很简单。把自己从有记忆起到现在发生的事，以及自己当时处于顺境还是逆境用曲线图画出来就可以了。

将顺境画到正象限里，逆境画到负象限里，再拿曲线连起来。如图4-1人生轨迹图所示。

一边画一边回顾，沉睡在脑海深处的记忆就会苏醒，想起新的事件也可以随时添加。

然后在回顾这些事发生的时候，回忆自己当时具体是什么心情，采取了什么行动，结果怎么样，并把这些内容也写到图表上。这样一来，自己会因为什么事而高兴或失落就一目了然了。

一行日记

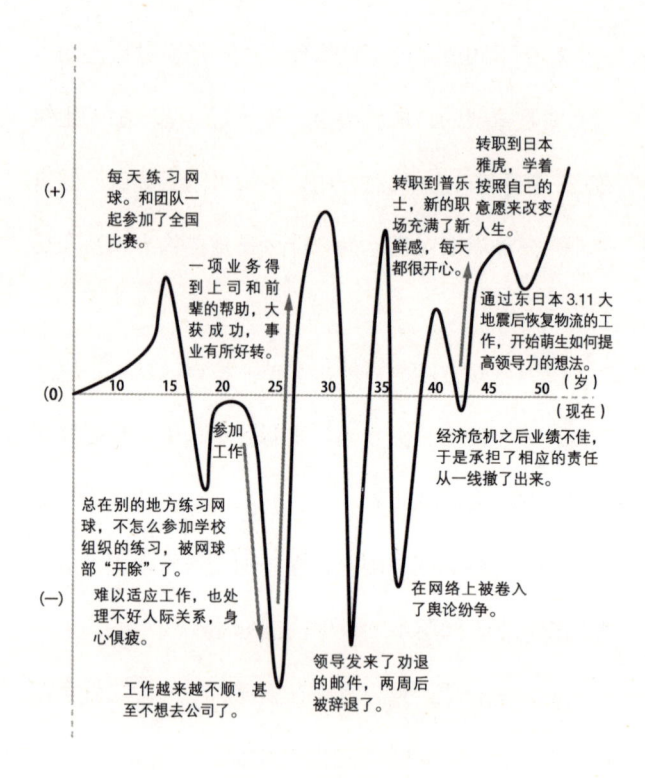

（图中文字）

- 每天练习网球。和团队一起参加了全国比赛。
- 一项业务得到上司和前辈的帮助，大获成功，事业有所好转。
- 转职到普乐士，新的职场充满了新鲜感，每天都很开心。
- 转职到日本雅虎，学着按照自己的意愿来改变人生。
- 通过东日本3.11大地震后恢复物流的工作，开始萌生如何提高领导力的想法。
- 参加工作
- 经济危机之后业绩不佳，于是承担了相应的责任从一线撤了出来。
- 总在别的地方练习网球，不怎么参加学校组织的练习，被网球部"开除"了。
- 难以适应工作，也处理不好人际关系，身心俱疲。
- 工作越来越不顺，甚至不想去公司了。
- 领导发来了劝退的邮件，两周后被辞退了。
- 在网络上被卷入了舆论纷争。

横轴：10 15 20 25 30 35 40 45 50（岁）（现在）
纵轴：(+) (0) (—)

图 4-1　人生轨迹图

😊 回顾反思与人生轨迹图

我们来整理一下每天的"回顾反思"和"人生轨迹图"。

118

第四章

在回顾反思中认识自己、塑造未来

回看一行日记，以一个月、三个月、一年为单位进行"重要的回顾反思"，同时结合人生轨迹图，我们就会发现"人生的每一个点都彼此关联"。

比如，通过人生轨迹图可以看出，我在银行工作的时候，虽然每天忙得不可开交，"但也有开心的时候，能为别人的工作提供帮助让我觉得很快乐"，然后发现"自己在沟通技能和领导力方面有优势，想要从事给别人带来快乐的工作""自己喜欢做规划"等，然后前进的方向就会变得明朗。

反之，也能知道自己完全没有成为足球运动员或者研究量子计算机的想法，因为不管是一行日记，还是人生轨迹图，都没写过相关的内容。

我的长期目标是"让人们的脸上都能舒展笑容"，为了接近这个目标，我下定决心换工作，到日本雅虎学堂从事职场教育相关的工作。

认准目标，脚踏实地的努力，之后的一切就交给命运了，所以我从未想过"十年后要成为社长"或者"六十岁之前要完成什么目标"。但如今的我依然充满激情，想要不断对各种有趣的事发起挑战。

如果只看一两件事可能没有什么深刻的感受，但回顾至今为止的整段人生，就能发现自己真正在意的、重视的东西是什么。这便是自己的内核。

这种内核可能会随着时间和我们的经历发生变化。所以我们需要定期回顾自己的人生轨迹图，明确对当下的自己来说，什么才是重要的。

😊 联系过去就能看到自己的内核

例 4-5 是通过人生轨迹图和日记明确自己"想做的事"，内容是在明确了"前进的方向"，并利用人生轨迹图进行回顾反思之后写的。

例子中的主人公在工作中获得了他人的认可、感

第四章

在回顾反思中认识自己、塑造未来

谢后,找到了自己应该努力的方向。但是,工作和生活有时并没有明确的分界线,所以不用刻意区分是工作中的事还是生活中的事,把自己高兴或者失落的心情如实地写下来就可以了。

有的人可能"没有想做的事",但仔细想一想,其实日常生活中到处都可以发现自己"想做的事"和"人生的使命"。

不过仅靠一次回顾反思得到的发现,有可能被我们当作偶然,然后遗忘在脑后。

只有多次得到类似的发现,我们才会重视起来。所以,要想找到自己真正想做的事,不能仅靠一次回顾反思,而是要在反复回顾中思考这些经历让自己兴奋、让自己不满的原因,思考自己为什么会是这样的态度,久而久之,对自己内核的认知也就变得清晰了。

而联系过去的经历可以进一步深化这种认知。

例 4-5 通过人生轨迹图和日记明确自己"想做的事"

> 给后辈提了一些建议,后辈采纳建议后在公司里受到了表彰,特意来向我道谢。我很开心。
>
> 我告诉正在烦恼的后辈,和一年前相比他在哪些地方有了明显的进步。听了我的话,他很开心。
>
> - 新发现:自己喜欢帮助别人成长进步。
>
> - 通过人生轨迹图获得的发现
>   初中的时候,我虽然没能成为排球部的主力队员,但作为球队经理,我一直关注队里的状况并提出一些建议。结果带领之前一直都无法在市里的比赛中脱颖而出的队伍取得了地区大赛第二名的成绩。大家都很感谢我,我很开心。
>
>   →这可能就是我的原点?
>
> - 未来的方向
>   无论是谁都能成长进步。
>   我想为全国人民的成长贡献自己的力量。
>
> - 从现在开始可以做的事
>   在公司积极帮助有困难的人。
>
> - 中期目标
>   学习与教育指导相关的知识内容。

当我们对自己的内核有了清晰的认知后,那么当需要做重大决定时,就能够当机立断。就像我能从普

第四章
在回顾反思中认识自己、塑造未来

乐士转职到业务领域完全不同的雅虎,又能马上决定参与武藏野大学的工作一样。

通过回顾反思和人生轨迹图,可以明确自己的优劣势和喜好。也会注意到有些事不管我们是否擅长、不管结果如何,在做这些事的时候我们都会觉得开心,而有些我们很擅长的事却不是自己真正想做的。

不管大事小事都写下来进行回顾反思,那么我们就能从开心、不开心的感觉中提炼出自己真正想做的事。

是否需要具体的中期目标

有人可能会质疑,仅靠一个大致的方向和每天的回顾反思就足够了吗?工作、减肥、考取资格证书的时候,目标定得具体一些往往会更容易执行。这时我们需要的不是"大致的方向",而是"应该实现的目标"。

这种情况下，我会把一年到五年这个时间跨度期间的目标尽可能具体化。比如"明年年底之前，在Z Holdings全面开展雅虎学堂""明年年底之前开设一个新学科"等。

确定了大的方向后，通过一行日记进行日常的回顾反思。但是像"让人们的脸上都能舒展笑容"这种长远的目标和日常的工作之间存在很大的跨度，因此就需要一个现实的中期目标，在这个巨大的差距之间铺上台阶。

如果登上山顶是长期目标，每天的回顾反思是脚踏实地走好眼前的每一步，那么中期目标就是到达半山腰的某一个休息站。

有了中期目标以后，过一段时间就可以确认一下自己完成了多少，以及还有哪些地方没做好。

我认为贴近现实的中期目标就像航海地图一样，是指明正确方向所必需的，但如果这个目标过于贴近

第四章
在回顾反思中认识自己、塑造未来

现实,又会让人失去热情。如果我制定一个严谨又具体的目标,然后努力去达成,就变成工作中的任务管理了。那么一旦出现像是突然转职到雅虎,或者在武藏野大学设立新学科这种偶然的机会时,我又会难以下定决心放手去做。

所以,是否需要中期目标需要每个人自己去把握。我们可以把中期目标当作长期目标实现过程中的阶段性管理,认真积累每天的回顾反思,同时手握人生轨迹图这一指南针。既然已经有了"北极星",我们就不会偏离大方向,细微的方向调整就交给一行日记和人生轨迹图吧。

人工智能和机器人技术飞速发展的今天,媒体大肆报道"未来十年将会消失的职业",宣扬"不掌握编程技能就会被淘汰"。对时代的变化进行调研和预测固然重要,但更重要的是自己是否感兴趣,是否真的愿意从事相关的事业。

回顾人生轨迹图，可能有的人发现自己确实想学习与编程相关的知识，但有的人发现就算大家都这样想，自己还是想从事和人打交道的工作，所以还是要坚持自己的路。

通过回顾反思，可以了解自己的价值观，从而更坚定地迈向未来。

为什么了解自己很重要

最后，我想谈谈本章中最重要的一点。

在演讲与表达相关的培训中，我最后一定会讲的不是技巧方面的内容，而是谈谈"自己的生活方式"。

我在《一分钟说话》中也讲过，明确目标听众和传达的目的，运用简短有力的信息是有效传达的重要方法。

在演讲中说什么最具有说服力，那就是"自己的

第四章
在回顾反思中认识自己、塑造未来

生活方式"。不必夸大其词。比如给别人推荐一个食物的时候,如果自己觉得好吃就会真心想推荐给对方;去过一个地方,就会很想把自己当时的感受真实地表达出来。从这个角度来看,要想在演讲的时候打动别人,就需要自己真实的"心声"。这一点对说服自己来说也是一样的。

美国咨询顾问西蒙·斯涅克曾说过,一般的经营者演讲的时候都会先从"是什么"开始,但像史蒂夫·乔布斯这样杰出的经营者一定是从"为什么"开始的。这一点也和脑科学的研究结果相吻合,控制情感和意志的大脑边缘系统会对"为什么"产生反应。

一方面,人们会被"真心话"打动。这一点在脑科学领域也能得到证实。另一方面,自己的"真心话"必然只存在于自己的经验、喜好、价值观当中。所以回顾反思自己的行为,有助于我们明确自己的价值观。

不管是自己主动做，还是被别人要求做某件事的时候，如果我们内心其实不想做这件事，那么就很难产生前进的动力，甚至连机械地前行都做不到。

不管多远大的愿景，能让我们心底迸发出强烈意愿的契机，大多源自最质朴最单纯的初心。

要想促使自己行动，就需要积攒自己的"心声"。一行日记的回顾就是把"心声"化为语言的过程，有了这些就能刺激自己不断行动。

第五章

用回顾反思促进成长

第五章
用回顾反思促进成长

😊 尝试经营社交平台

最近很多人都经常在社交平台上发表状态。

养成用"一行日记"和"人生轨迹图"进行回顾反思的习惯以后，也可以将其应用到社交平台的信息发布上。

我会把回顾一行日记时收获的心得发到社交平台上。比如认识到"独一无二才是最重要的"，就把它写在社交平台上，不用太在意起承转合，就像写备忘录一样。写得多的时候，一天能发好多条。这种微小的发现攒多了，就可以试着发一些像博客一样稍微长一点的文章。

把自己的想法发表到社交平台上主要有三大好处。

首先，写给别人看的内容，必须要有故事性，所以写的过程中自己就会理顺思路，审视逻辑是不是太跳跃了，思考是不是不够深入。这个过程可以深化自己"想表达的事"。

此外，公开发表就有可能收到点赞或者评论等反馈。评论中可能出现自己未曾想过的观点，还可以在评论区和其他人交流，这样一来就有机会获得更多的发现。

最后，发在社交平台上的内容其实相当于一种宣言，就好像减肥或者戒烟的时候，有的人会在大家面前郑重宣布自己的决心，让自己无路可退一样。

例 5-1 就是我发在社交平台上的一则内容。

每天的发现和心得、对生活的态度和决心、向大家提出的问题、自己秉持的理念等都可以发表到社交平台上。

就像写一行日记和画人生轨迹图一样，用文字表达出来，就能对自己的想法有更清晰的认知。

第五章

用回顾反思促进成长

例 5-1 作为演讲者和讲师的我

伊藤羊一
4 小时前

看到讲座或培训结束后大家的表情,读了大家填写的调查问卷,我能感受到大家度过了一段很有意义的时光。

我也认真看了 LINE 直播之后大家的感想,这些感想让我印象深刻,让我觉得做这件事很有意义。→ (今天发生的事)

10 年前我开始在普乐士面向公司内部开展讲座。→ (回顾过去联系现在)

7 年前成为顾彼思商学院的讲师。

6 年前成为软银商学院的讲师。

同样是 6 年前我从 KDDI mugen Labo 开始,在各种项目中担任演讲培训师。

5 年前开始开设线上课程。

4 年前自己也学习了相关课程。

2 年前出版了《一分钟说话》。

以此为基础,2 年前我在 1 年内登上舞台演讲 297 次,内容有与书籍相关的,也有其他方面的。

10 年过去了,我终于取得了一点成果。

我很享受在台上演讲的时间,这段时间对我而言就像音乐家和听众一起度过的时光。

冰室京介去了 RC 的日比谷野外音乐会以后,她的人生因此发生了改变,我希望有越来越多这样的人出现。

即使不至于改变整个人生,但去了音乐会以后深受感动,决心从明天开始认真生活也是很好的。我希望这样想的人越来越多。

所以我要赶超的目标是 U2 的保罗、滚石乐队的米克·贾格尔、皇后乐队的佛莱迪·摩克瑞。→ (感想)

不过我还差得很远。

Mr.Children 的《想要紧紧相拥》卖了 6 万张。

《Replay》卖了 8 万张。不过之后的《Cross Road》卖了 100 万张。

相比之下《一分钟说话》只卖了 45 万本,这里面还包括电子版的。这还远远不够。

他们一次演唱会的观众至少 5 万人,而来听我演讲的观众只有 50 人。

不过,我现在演讲会的状况,就跟他们出道前的演唱会的状况差不多。

我还想拥有更多的听众、走得更远、想得更深。→ (理念)

我想让大家脸上都浮现笑容。

我想用我的话语、我的力量让世界充满欢笑。这就需要从演讲整体的主题、故事、流程、顺序,到细节部分的节奏、间隔、时间、每个瞬间的措辞都追求完美,创造最佳的氛围和时光。

一行日记

可能是因为最近在写书,所以我会越来越多地把重要的事写进书里,而社交平台上只发表一些每天的心得。不过要在社交平台上发表什么内容并没有明确的规定,按照自己的想法来发表,并养成习惯就可以了。

😄 一对一谈话

养成通过"一行日记"回顾反思的习惯以后,如果我们想加深对获得的"发现"的理解,那么最好和别人交流一下自己的心得。

在雅虎,公司员工一直维持着一对一交流的传统。每周项目经理都会和团队里的成员进行一次约 30 分钟的一对一谈话。

可能很多人都觉得这种一对一的谈话无非就是上司对下属的工作提出指导意见,当然这部分内容也包

第五章

用回顾反思促进成长

括在内，但更重要的是创造一个定期倾听彼此心声的机会。

如果任职的公司有这种传统，那么我们可以直接通过公司里的一对一谈话和别人交流自己的心得，当然也可以私下和朋友、同事、家人进行交流。

通过写一行日记就会发现，用文字表达出来也是一个获得新发现的过程。有可能我们在大脑中思考的时候觉得自己的逻辑完美无缺，一落笔却发现有矛盾或跳跃的地方。

我也经历过无数次的一对一谈话，有趣的是，很多时候讲话的人讲着讲着就会有新的发现。

当和他人交流时，人们必须把想法变成语言，说着说着觉得不符合逻辑，就会不自觉地调整语言，将自己的话整合得更有条理。

一个人的思考往往具有一定的倾向性，所以有时会在自己没有意识到的情况下被思考的倾向限制，遇到无法解决的障碍。

这时，如果有人对自己的想法提出哪怕最简单的质疑，都能帮助我们意识到症结所在，从而做出调整。

我除了会在公司进行一对一谈话，还会定期让朋友当我的倾诉对象。我会和朋友一边吃饭，一边滔滔不绝地讲述自己的事。虽然不知道朋友对我的工作是否了解、感不感兴趣，但他会边听边随声附和，有时还会问一问我为什么会这么想。

这样的时间对我来说很有意义，因为在倾诉的过程中自己的思考也会加深。所以，如果有关系要好的朋友，那么我们可以定期请他吃个饭，让他听一听自己的倾诉。

😁 一个人去"集训"

就像前文中所提到的"重要的回顾反思"，我们可

第五章
用回顾反思促进成长

以拿着"一行日记",一个人去"集训"。

我每年都会在近郊的旅馆或度假区进行几次一个人的"集训"。

最近我的工作量相比二三十岁的时候明显增加了,这虽然是件好事,但工作量增加以后,视野就变得狭窄了。由于我每天只盯着眼前的工作和日程,便没有机会从较长的时间跨度上分析自己的人生,也没有闲情逸致深入思考自己想做什么。

当每天忙得不可开交时,就没有时间去思考;没有时间思考,效率必然变得低下;效率低下,又自然会被眼前堆积的工作追着跑。长此以往就会陷入恶性循环。

所以,我们要刻意从日常生活中抽离出来,找一个和工作无关的时间和地点去思考。

翻看日历,如果觉得最近没怎么去一人"集训",或者最近视野变窄了,总是只顾手头的工作,那么我就会订一个附近合适的宾馆，马上行动。

最近线上的会议增多了，基本上只要有一台电脑我们在哪都能正常工作，但进行一人"集训"的时候最好不要总惦记着工作。

一人"集训"只须我们入住宾馆，眺望着周围和平时不同的风景，转换一下心情，然后回顾一行日记和人生轨迹图，进行"重要的回顾反思"，制订中长期的计划。带上几本在书橱里搁置许久的书，静下心来阅读。

一人"集训"就是一种定期休整。除了可以在度假区好好休息一下，我们还能在脱离日常的空间里定期调整自己的思考方式，获得新的发现。

当实在是忙得没有时间度假的时候，我会抽出半天时间，在近郊找个能看到海的咖啡馆进行工作。换一个环境就能帮助我们冷静下来，客观地审视自己目前的状态。

一对一的交流也是如此，回顾反思的时间对一个人的成长而言是不可或缺的。养成记录一行日记习惯的同时，也要定期进行一对一交流或者一人"集训"，认真对待回顾反思。

😄 坚持写日记的秘诀

有的时候工作和家务太过繁忙，写日记就成了一种负担，或者一忙起来就会忘了写日记。还有的时候晚上回家太晚，又疲惫不堪，于是日记就干脆拖到第二天再写。

但因为忙碌而疏于回顾反思，就只会被眼前的工作困住，陷入恶性循环。我也有过这种不堪的经历。

拼命做当下的工作，却不抽时间俯瞰全局，客观思考目前的状况，结果往往只是机械的忙碌，却做不出什么成果。当我们切身体会过这种感觉后，就一定能坚持写日记。回顾反思之后，我们就能理顺工作的优先顺序，清楚目前应该做的事，那么就可以先集中精力处理优先度高的工作。

成长无捷径。满怀自信地回顾过去、了解自己、展望未来。抽出时间来循环进行这个过程对于我们的成长来说至关重要，不管是进行一对一谈话、记录一行日记，还是画人生轨迹图都是同样的道理。

2019 年，我举办了 270 次演讲，出版了 2 本书。作为日本雅虎学堂的校长组织培训活动的同时，也和 Z Holdings 的各家公司联合举办了很多活动。此外，还为武藏野大学要开设的新学科做了一些准备工作。

正因为养成了回顾反思的习惯，虽然我现在的工作远比三四十岁的时候要忙得多，但每天的生活还是按部就班地进行着。可能还是有人觉得很难坚持。但我相信就算再忙，也不会有人忘记刷牙，所以重要的还是要养成习惯。养成习惯后，我们新的发现会越来越多，对自己成长的感受会越来越真切，这个过程就会逐渐变得轻松愉快。但刚开始的时候我们需要直视自己的行动和情感，可能会有点不自在。

回想一下，至今为止自己是否因为繁忙而忽视了很多本可以成为成长养料的经历呢？你还想继续这样下去吗？

我在培训和演讲中告诉过成百上千的人"回顾反思很重要"，但真正付诸行动的人却很少。大多数人都表示"虽然想尝试，但我太忙了，没有时间"。而付诸行动的人当中，能坚持三个月以上的就更少了。但据我观察，能坚持下去的人最后都成功地改变了自己。

希望大家在读了这本书之后，能把每天的回顾反思当成促进成长的唯一方法，把坚持回顾反思当作通往理想的必经之路。

养成习惯是最好的方法，就是建立一种仪式感。形成一种仪式感以后，不管再忙，琐事再多，我们都会抽出时间完成我们认为理所当然的事。

终章

能塑造未来的正是"今天的自己"

终章

能塑造未来的正是"今天的自己"

😊 如何与社会共生——自我调整

人类是生活在社会之中的。

如果你在公司上班,那就必须遵守公司的规则,上级布置的工作一定要完成。

不只是公司,如果你有自己的家庭,那就不能把所有收入都花在自己的兴趣上,不能无缘无故夜不归宿、徘徊街头,也不能不遵守社区的垃圾分类规定。我们并非活在孤岛上,在社会中生活,就会被各种各样的规则所限制。

规则是我们在社会中生存必须要遵守的,但循规蹈矩的生活方式对自己而言是否是最好的方式就另当别论了。毕竟个人期望的生活方式和社会规则并没有什么直接的关系。

人要想在社会中生存，必须平衡自己的意愿和社会的要求。

但很多人在生活中，相比于忠于自己的意愿，会优先考虑社会的要求。早晨起床后去公司，按照上级的指示开展工作。和客户商谈时，如果对方要求明天之前整理出相关方案的资料，那么如果没有其他紧急或重要的工作，就算加班也要争取在今天之内完成。或许自己也想过今天天气不错，按时下班然后去哪坐一坐喝一杯，但此时自己的意愿早已被自己扼杀了。

我们这么做或许是为了获得更好的成绩，因为优先考虑社会的要求，就会获得上级、家人、其他人的赞许和认可。但自己真正想做的事、自己的意愿却渐渐被忽视了。

所以重视自己的想法，不要迷失自我才是"领导自己"的第一步。

终章

能塑造未来的正是"今天的自己"

会考虑"自己"的只有我们自己

平衡自我的意愿和社会要求，是一个两方面的价值观相互权衡的过程，有的时候会牺牲自己的意愿，遵循社会准则；有的时候会脱离常规、剑走偏锋，坚持自己的意愿。而在权衡的过程中，会考虑"自己"的只有我们自己。因为社会的力量足够强大，完全不用我们担心。每时每刻社会的要求都会纷至沓来："请在截止日期前完成""每天早上请按时来公司上班"等。但自我调整只能靠自己。只有自己会重视自己内心的想法，做自己喜欢的、感到高兴的事。

我在20多岁的时候，曾出现过心理失调的状况，会出现这种问题除了因为当时的工作不顺，还因为当时的我完全被社会的力量牵着走，没有认真思考过自己的意愿。

在回顾反思中找到自己真正想做的事，遵循自己的内心前进，是一件无比幸福的事，这样就能勇敢地迈出第一步了。

😀 领导自己

企业战略研究中心（ISL：Institute for Strategic Leadership）的创始人野田智义在其著作《领导力之旅》（金井寿宏合著）中这样写道：

Lead the Self.（领导自己）

Lead the People.（领导别人）

Lead the Society.（领导社会）

提到领导力，大多数人脑海中都会浮现出带领着很多人前进的领头人，或者是像马丁·路德·金一样怀揣理想、立志改变世界的领导者。他们是领导别人、领导社会的代表。

但无论一个人的领导能力有多强，他都不是从一

终章
能塑造未来的正是"今天的自己"

开始就有无数追随者的。最初只是独自前行,虽然只身一人,也要踏上征程,这便是一切的开始。

也就是说,在领导能力中,最基本的就是领导自己。

那么如何才能领导自己呢?关键在于心中是否有"坚定不移的信念"。

对于马丁·路德·金来说,改变种族歧视的现象就是他的坚定不移的信念。当然不一定非得是这么宏大的理想,发现自己心中"绝对不愿妥协的事""一定想要实现的事",然后按照自己的意愿前进,这就可以说是领导自己了。先踏上征程,才会有追随者出现。

重要的是自己对自己想做的事是否满怀热情。所以在回顾反思中明确自己坚定不移的信念,是提升领导力最重要的第一步。

😊 正视自己的情绪

有时回顾反思会是一件很痛苦的事。尤其是像我这样特别容易陷入自我厌恶的人，在回顾反思时，有时会不敢直面现实。

我也有过想要逃避的想法，觉得把自己做得不好的事写在日记里只会让自己心烦，那么干脆不写了，只把开心的事，比如和朋友出去游玩这类的事写下来就行了。

但是这种心烦的感觉也是有缘由的，可能是因为羡慕别人而感到不甘，也有可能是因为自己不争气而感到怨愤。一切情绪都源于自己的价值观。对自己的情绪视而不见，无疑是失去了一次了解自己的机会，这样实在是太可惜了。

而且在每天的回顾反思中，可以更真切地感受到自己的成长。

我是个很贪心的人，如果有30个人来听我的演

终章

能塑造未来的正是"今天的自己"

讲，那么我希望我的演讲可以让这 30 个人的人生都变得更好。不过这肯定不现实。

大家听完演讲后对我表示赞许和感谢，我虽然知道我应该为此感到高兴，但我无法做到改变所有来听我演讲的人的人生，因此就会陷入自我厌恶，觉得烦躁。

以前，我都是刻意忽略这种自我厌恶的情绪，但现在，我开始试着正视现实，把这种心情也如实地写在一行日记里。

自我厌恶的情绪会成为回顾反思的动力，给自己带来新的发现。回顾反思和下一步的行动又会成为迈向明天的动力。这样就形成了一个良性循环，也可以更真切地感受到自己的成长。

即使起步比别人晚，但只要我们每天都在成长，终有一日会实现自己的目标。我们应该直视自己的感受，不管是感到不甘心的情绪，还是羡慕甚至是嫉妒别人的情绪，都会成为促进我们成长的养料。

一行日记

更重要的是,如果每天都能感受到自己在进步,那么我们的自信就会油然而生,会觉得"自己已经有了很大的进步了,这样下去要实现世界和平也不是什么不可能的事"。正视自我厌恶的情绪,将每天的收获积累起来,就能提升自信和自我肯定感。

不必一日千里,也不必急于求成。也许眼前的工作已经忙到自己无暇回顾反思,但正是身边的每一个经历,构成了我们成长的养料。

今天的工作、昨天的工作、和家人的闲谈、上班路上的风景……经常回顾我们的每一段经历,一定会对成长有所帮助。进步的幅度取决于每天的见闻能发挥多大的作用,对经历的事视而不见,就失去了宝贵的成长的机会。

迈开步伐付诸行动,回顾反思获得发现。坚持下去,不断积累,我们就离理想的自己越来越近了。

那么就让我们从记录自己的一行日记开始行动吧。

▶ ▶ ▶ **结语**

在本书中,我一直在不厌其烦地强调"回顾反思、发现、回顾反思、发现"。今后我还会继续这样强调。

这是我在学生时代,还有刚进入社会的时候没有意识到的事,但是现在我可以充满自信地说,这就是成长的秘诀。

年轻的时候,我曾误以为学习就是死记硬背,所以我每天读书、上课,一心想要记住更多的知识。这样做确实能在学校的考试中取得好成绩,所以我在刚进入社会时,也在重复这种做法。

再加上我又比较消极,很多时候难以下定决心行动,即使有所行动,也很容易陷入自我厌恶的情绪中,不会回顾反思。

这样根本很难有所成长。

正如本书中所写,不断重复"回顾反思、发现"

的过程自然就能进步。这是我通过实践得出的结论,所以我也希望大家都体会一下这种感觉,养成习惯,然后坚持下去。

我想,任何人的进步都经历过这个过程,只不过有的人没意识到而已。

我在学生时代并不知道回顾反思的重要性,所以现在我想把我的心得传授给大家,希望更多的人能通过记录一行日记,养成回顾反思的习惯,享受成长的快乐。这对我来说将是莫大的荣幸。

我曾经一无是处。

不知为何,我特别擅长应试教育,但仅此而已。我没有卓越的沟通能力、行动力、领导力,也不知如何才能让自己进步,甚至还曾出现过心理失调的状况。

我一边苦恼一边不断尝试、不断行动、不断用文字表达,并从中学习并有所成长,最终克服了自己不擅长的事。这个过程我曾在《一分钟说话》《零秒行动力》等作品中写过，也曾在日本雅虎学堂、顾彼思商学院的讲台上讲述过。我坚定地告诉读者、告诉听众："没关系，要相信自己一定可以改变！"

而这句话又像是对着站在岁月长河的彼岸，曾经一无是处的自己说的。

本书也是一样。

"没关系，这样做就一定能成长"——我想把这句话送给当初的自己，也送给各位读者。就像曾经感到苦恼的自己能用这个方法不断进步一样，我也想让大家体会成长的喜悦。能看到大家舒展的笑容就是我最大的愿望。

可能有的人觉得回顾反思并获得新发现的过程是理所当然的事，但我从前并不知道它的重要性。同样，只要世界上还有胸怀理想却不知如何努力的人，我就会一直传播我的观点。

这本书承载了我的意志。很高兴这本书能出版。

一行日记

感谢 SB Creative 的多根由希绘老师给予我出版的机会，感谢渡边裕子老师帮助我把脑海中的想法用准确的文字表达出来。在此，还要对其他在工作和生活中给予我帮助的朋友表示衷心的感谢。

我希望把自己的想法传递给更多的人。

然后在一行日记中，继续回顾反思。

2020 年 12 月　伊藤羊一